Beiträge zur Theorie und Berechnung der Schraubenpumpen auf Grund von Versuchen

(Mitteilungen aus der Versuchsanstalt des Hydraulischen Instituts der Kgl. Technischen Hochschule München)

Von

Dr.-Ing. **Alexander Pfeiffer**

Mit 57 Abbildungen

Druck und Verlag von R. Oldenbourg in München
1916

Inhaltsverzeichnis.

A. Einleitung.

Die Verwendbarkeit der gebräuchlichsten Pumpen für die Lieferung großer Wassermengen auf verhältnismäßig niedrige Förderhöhen ist infolge der raschen Zunahme der Anlagekosten und Abnahme der Drehzahl stark beschränkt. Diesem Übelstand suchte die Maschinenfabrik Augsburg-Nürnberg durch die Einführung des sog. „Schraubenschauflers, einem schiffsschraubenähnlichen Schraubenrad in einem ringförmigen Gehäuse", abzuhelfen. Sie hat damit schon im Jahre 1907 Versuche angestellt, von denen aber nur die Endergebnisse in die Öffentlichkeit gedrungen sind. So war z. B. der höchste erreichte Wirkungsgrad 62% bei einer sekundlichen Wassermenge von 5 cbm auf 1,55 m Förderhöhe, Der Durchmesser des dazu verwendeten Laufrades betrug außen 1800 mm und innen 1000 mm, so daß sich eine Schaufelbreite von 400 mm bei einer Länge von 215 mm ergab. Dabei wurden nur zwei einander diametral gegenüberstehende Schaufeln ausgeführt, die auf einer eigens hergestellten Arbeitsmaschine nach einer Schraubenfläche von 585 mm Steigung gehobelt werden mußten. Über die Theorie und Berechnung dieser Schraubenpumpen ist aber bis jetzt in der Literatur nichts zu finden.[1]) Aus diesem Grunde sah sich Professor Dr. R. Camerer, der Vorstand des Hydraulischen Instituts der Kgl. Technischen Hochschule München, veranlaßt in der für das Institut neu errichteten Versuchsanstalt für Wasserkraftmaschinen eine experimentelle Untersuchung dieser neuen Pumpengattung durchführen zu lassen, womit Verfasser zu Beginn 1913 betraut wurde. Im August des gleichen Jahres war die Versuchseinrichtung soweit fertiggestellt, daß mit den Voruntersuchungen begonnen werden konnte, die sich mit einzelnen Unterbrechungen bis Mitte Januar 1914 erstreckten. Von da ab datieren die eigentlichen Versuche, die Ende Juni einen vorläufigen Abschluß fanden. Bei der konstruktiven Durchbildung der Versuchseinrichtung sowohl als auch bei der Ausführung und Bewertung der Versuche war Herr Professor Dr. Camerer stets mit wertvollen Anregungen und Ratschlägen zur Hand, wofür ihm auch an dieser Stelle ergebenst gedankt sei.

B. Die Versuchseinrichtung. (Fig. 1 bis 7.)

Über einem 3 m langen, 2 m breiten und 1 m tiefen, schmiedeeisernen Behälter O (Fig. 1) ist das aus zwölf Teilen bestehende Pumpengehäuse mittels des Fußes III aufgestellt. Der unterste Teil I trägt den Saugkorb K und ist zur gleichmäßigen Zuführung des Wassers entsprechend erweitert. An ihn ist auch durch

drei gußeiserne Arme das untere, mit Pockholz ausgebuchste Führungslager für die Lufradwelle angegossen. Zwischen den Stücken IIa und IIb, die zur Aufnahme der dreh- und auswechselbaren Leitschaufeln dienen, befindet sich bei den nachfolgend beschriebenen Versuchen das Pumpenlaufrad. Es fördert sein Wasser durch das durch die Stücke III bis VI und VIII bis XI gebildete Rohr in den Behälter O zurück, der durch die Beruhigungswand W unterteilt ist. Dabei kann, wenn die Leitung einmal gefüllt ist, mit Hilfe der Drosselklappe VIII die Förderhöhe von der Minimalreibungshöhe bis zu einem durch die Abmessungen der Pumpe bestimmten Maximum geändert werden. Der Teil VI trägt die Laterne VII, auf der der Vertikalmotor Mo sitzt, und die das zweite Führungslager für die Laufradwelle mit der sich daran anschließenden Stopfbüchse St enthält. Der Motor ist durch die Schalenkuppelung Ku mit zwei eingelegten Ringen R zur Aufnahme des Axialschubes mit der Pumpenwelle verbunden und mit einem Kugelspurlager ausgerüstet, das bei 3000 minutlichen Umdrehungen eine Belastung von 800 kg aufzunehmen imstande ist. Zu seiner Entlastung ist das untere Führungslager mit einem Deckel versehen, an welchen eine Leitung mit Drucköl oder -Wasser angeschlossen werden kann.

Den Versuchen ist folgender Gedankengang zugrunde gelegt: Es soll zunächst die Steigung der Schraubenfläche, die Anzahl der minutlichen Umdrehungen des Laufrades, die Förderhöhe sowie die Fördermenge ermittelt werden, bei denen die Pumpe am wirtschaftlichsten arbeitet, ebenso ihr Verhalten bei Änderung dieser Größen. Dabei sei vorerst die radiale Erstreckung, die Breite und die Anzahl der Laufradschaufeln beliebig angenommen. Diese Untersuchung werde sowohl für an den Ein- und Austrittskanten stumpfe und zugeschärfte Schaufeln als auch unter Benutzung eines Leitrades im Saugbereich (Saugleitrad), im Druckbereich (Druckleitrad) und endlich im Saug- und Druckbereich durchgeführt, deren Schaufeln natürlich ebenfalls unter einem erst zu bestimmenden Winkel gegen die Umfangsrichtung geneigt sein müssen. Daraus wird sich ergeben, ob der Einbau von Leiträdern bei der Schraubenpumpe von praktischer Bedeutung ist oder nicht. Ferner soll festgestellt werden, welchen Einfluß eine proportionale Vergrößerung des Laufrades, die Schaufelzahl, die Schaufellänge und -breite sowie die Höhenlage des Pumpenlaufrades in bezug auf das Unterwasser bei der günstigsten Steigung der Schraubenfläche und Drehzahl auf den Wirkungsgrad, die Fördermenge und die Förderhöhe haben. Außerdem wäre von Interesse, die Wirtschaftlichkeit der Pumpe zu untersuchen, wenn an Stelle der Schraubenflächen schwach gewölbte Flächen, wie sie heute im Flugzeugbau eine große Rolle

[1]) Der Aufsatz des Herrn Professor Wagenbach, „Über Axialpumpen", in der Zeitschrift für das gesamte Turbinenwesen (Z. g. T.) 1913, S. 241 ff., enthält ebenfalls keinen Hinweis auf die Schraubenpumpen.

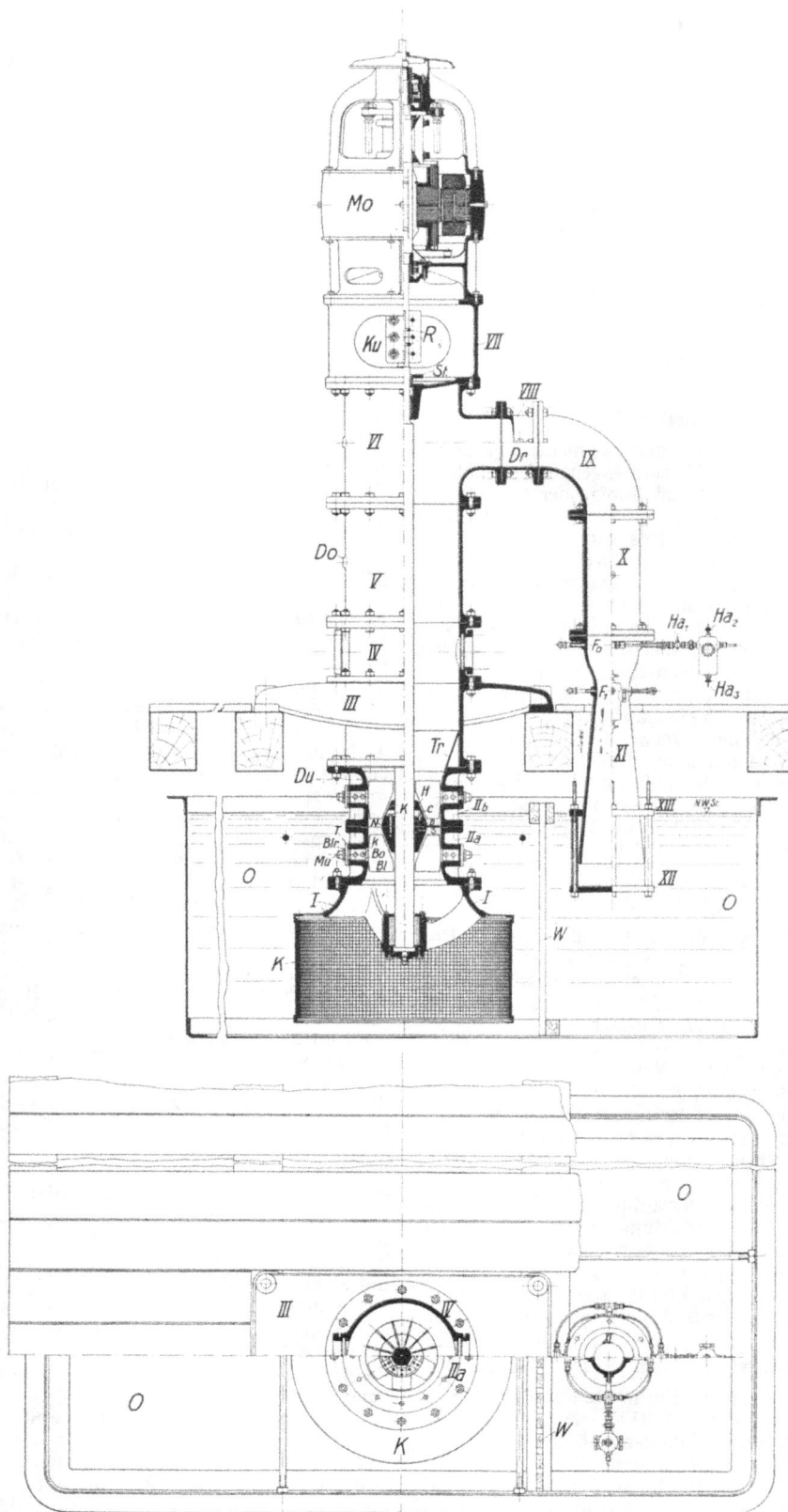

Fig. 1. Versuchsanordnung.

Fig. 2. Versuchsanordnung.

zusammengehaltenen Nabe N drehen lassen (vgl. Fig. 5). Auf diese Weise ist es mit den gleichen Schaufeln möglich, jede beliebige Winkelstellung von 0⁰ bis 360⁰ zu erreichen, während die Beibehaltung von Schraubenflächen für jeden zu untersuchenden Schaufelwinkel die Herstellung einer Schaufel mit entsprechender Steigung erfordert hätte. Der Fehler, der durch den Ersatz der Schraubenfläche durch eine Ebene gemacht wird, ist auch für praktische Zwecke vernachlässigbar klein, solange es sich um kleine Längen l und Breiten b (Fig. 5) der Schaufeln handelt. Aus diesem Grund wurde bei dem Versuchslaufrad b nur 55 mm bei einem äußeren Laufraddurchmesser D_a von 300 mm ausgeführt, wo-

spielen, gesetzt werden und zum Schlusse noch, wenn die Schaufelfläche nach der Hauptgleichung der Turbinentheorie ausgebildet wird.

Von diesen Gesichtspunkten sind vorläufig nur die bis zur Änderung der Schaufellänge und -Breite praktisch untersucht. Der Rest bleibt einer späteren Zeit vorbehalten.

Zur Bestimmung des günstigsten Schaufelwinkels wurde ein Versuchslaufrad (Fig. 5) entworfen, dessen Schaufeln S nicht nach Schraubenflächen gekrümmt sind, sondern aus ebenen Blechen bestehen, die sich unter Zuhilfenahme von zylindrischen Bolzen B mit Bund zur Verhinderung des Herausgeschleudertwerdens durch die Zentrifugalkraft um radial gerichtete Bohrungen in der zweiteiligen, durch Kopfschrauben K

Fig. 4. Versuchsanordnung.

durch sich z. B. bei einem Schaufelwinkel von 40⁰ auf einem mittleren Durchmesser

$$D_m' = \sqrt{\frac{D_a{}^2 + D_i{}^2}{2}} \cong 250 \text{ mm,}$$

der zu einem den freien Durchflußquerschnitt in zwei flächengleiche Teile trennenden Kreis gehört[1]), Winkelunterschiede von 35⁰ gegen 40⁰ außen und von 47⁰ 50′ gegen 40⁰ innen ergeben würden. Die Sicherung der mit Hilfe der Gradeinteilung auf der Nabe N und einer Marke auf den Bolzen B eingestellten Schaufeln S während des Betriebes erfolgt durch kleine Schrauben C mit Vierkant und den Bolzen B angepaßten Beilagscheibchen. Zur besseren Wasserführung ist auf den oberen Teil der Nabe N eine Haube H aufgesetzt, die durch eine versenkte Linsenkopfschraube an die Laufradwelle angedrückt und so an einer Verschiebung während des Betriebs verhindert wird. Das Laufrad wird durch einen Keil auf der Welle befestigt, deren Keilnut durchlaufend ist, damit es an jede beliebige Stelle gesetzt werden kann. Es ist mit sechs Schaufeln ausgeführt, so daß die Möglichkeit vorhanden ist, die Versuche mit einer Schaufelzahl von 2, 3 und 6 durch-

Fig. 3. Versuchsanordnung.

---

[1]) Über die Einführung des mittleren Durchmessers D_m' vergleiche Seite 25.

zuführen, wobei an Stelle der herausgenommenen Bolzen mit Blech Füllstücke aus Holz gebracht werden. Bei den vorliegenden Versuchen war das Laufrad so im Pumpengehäuse untergebracht, daß seine Schaufeln stets ins Unterwasser eintauchten. In diesem Fall sind die beiden Leitradteile *IIa* und *IIb* unterhalb des Fußes *III* angeordnet. Ihre Zentrierung sowie die der übrigen Gehäuseteile ist aber so entworfen, daß die einzelnen Stücke beliebig gegeneinander vertauscht werden können. Dadurch ist es ermöglicht, das Pumpenlaufrad um die Höhe des jeweilig umgewechselten Teiles zu verschieben, ohne daß an der Entfernung der beiden Führungslager etwas geändert wird.

Wie schon erwähnt, sollen die Versuche auch mit Saug- und Druckleiträdern durchgeführt werden, deren Schaufeln unter einem erst zu bestimmenden Winkel gegen die Richtung der Umfangsgeschwindigkeit geneigt

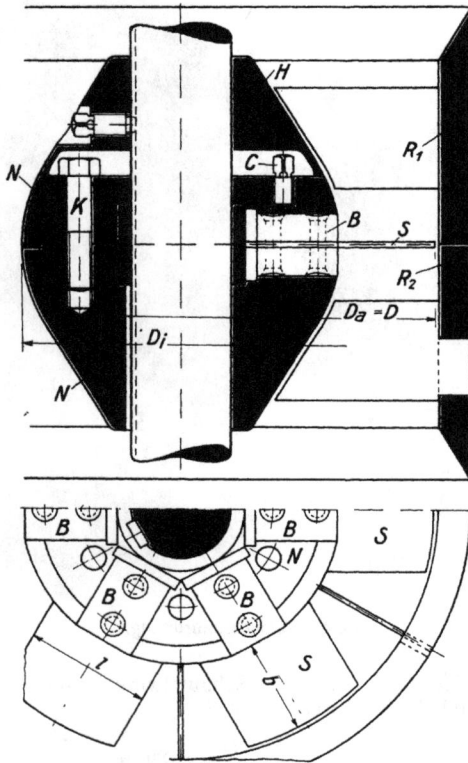

Fig. 5. Laufrad mit drehbaren Schaufeln.

sein müssen. Zu diesem Zweck wurden die Leitradschaufeln ähnlich wie die des Laufrades drehbar angeordnet (Fig. 6), und zwar so, daß sie von außen verstellt werden können, wodurch ein Auseinandernehmen der Pumpe umgangen wird. Man braucht nur die Bronzeüberwurfmuttern *Mu*, die durch Bleiringe *Blr* gegen die Teilscheiben *T* abdichten, zu lösen und ist in der Lage, mittels des Schlüssels *Sch* die letzteren zu drehen. Damit bewegen sich aber auch die Bolzen *Bo*, da zwei Mitnehmerstifte *m* sie mit den Teilscheiben *T* verbinden, und mit ihnen die Schaufelbleche *Bl*. Diese sind in die Schlitze der Bolzen *Bo* eingepaßt und werden durch je zwei Kopfschrauben *k* mit diesen verbunden. Die gewünschten Neigungswinkel der ebenen Leitschaufelbleche mit der Vertikalebene werden durch die Teilscheiben *T*, die entsprechend einer Winkelteilung von 20° 18 Löcher in gleichen Abständen enthalten, und die Paßstiftchen *s* eingestellt, welche in entsprechende Boh-

rungen der Augen *Au* eingreifen. Die Abstände der letzteren Bohrungen ergeben eine Winkelteilung von 25°, wodurch es ermöglicht ist, die Bleche von 5 zu 5° zu verstellen. Soll z. B. ein Winkel von 30° gegen die Vertikale nach rechts eingestellt werden, so ist Loch 11 der Teilscheiben *T* über Loch *III* der Augen *Au* zu bringen und durch die Paßstifte *s* in dieser Lage festzuhalten. Der Grund hierfür ist leicht einzusehen, denn die Stellung von Loch 10 über *I* entspricht der Vertikalstellung der Schaufelbleche. Würde 10 über *III*

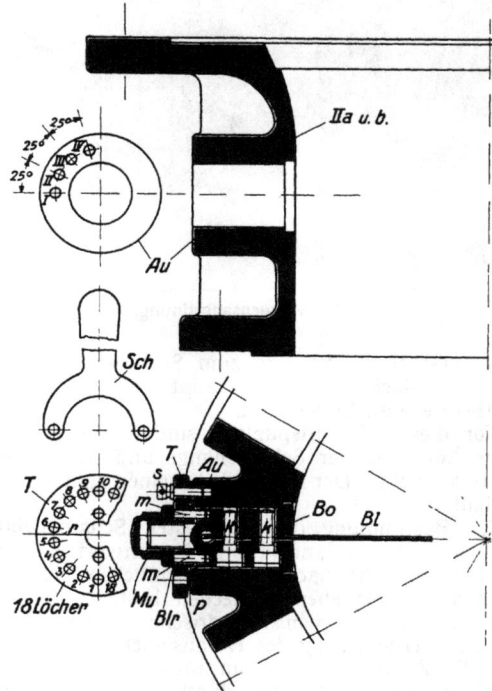

Fig. 6. Drehbare Leitradschaufel.

gebracht, so wäre das Blech um 50° verdreht worden, es muß also um nur 30° mit der Vertikalstellung einzuschließen, wieder um 20° zurückgedreht werden und das geschieht eben dadurch, daß Loch 11, das ja 20° von 10 entfernt ist, mit *III* zur Deckung gebracht wird. Nach dieser Überlegung können alle beliebigen Winkel eingestellt werden. Dabei sind die Stifte *s* nur so lange benötigt, bis die Muttern *Mu* angezogen sind, wodurch die Bunde der Bolzen *Bo* sowie die Teilscheiben *T* mit den Dichtungen *Blr* und *P* gegen die entsprechenden Auflager gedrückt werden und so eine unerwünschte

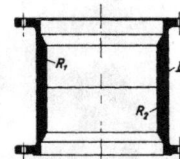

Fig. 7. Ersatzstück *II*.

Verdrehung der Schaufeln verhindern. Eine Kontrolle der Schaufelstellung ist noch dadurch möglich, daß durch Risse *r* auf den Teilscheiben *T* die Spuren der Schaufelebenen mit den Ebenen der letzteren angegeben sind.

Die beiden Leitradteile *IIa* und *IIb* sind am Einbzw. Austritt erweitert und führen mittels der Blechtrichter *Tr* (Fig. 1) auf Rohre von 450 mm lichter Weite über, wodurch die Möglichkeit geschaffen ist, unter Zuhilfenahme eines Ersatzstückes *II* (Fig. 7) statt des Laufrades von 300 mm Außendurchmesser ein proportional vergrößertes von 400 mm Durchmesser einzubauen. Die Differenz von 50 mm zwischen Rohr- und Laufraddurchmesser ist für den Einbau zweier

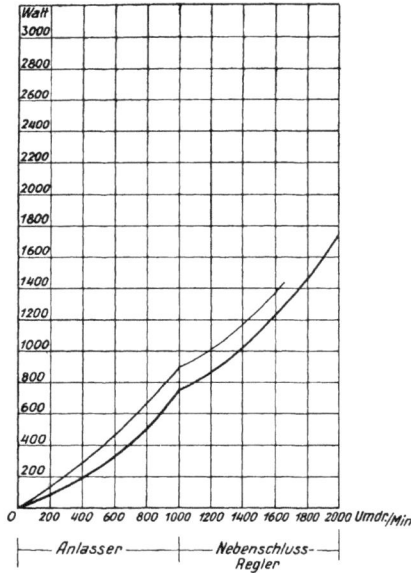

Fig. 8. Lager-, Luft- und Bürstenreibungs- sowie Eisenverluste.

Gußringe R_1 und R_2 bestimmt (Fig. 5 und 7), welche zur Aufnahme der Leitradschaufeln für das vergrößerte Rad mit Schlitzen versehen sind. Diese können unter den beim kleinen Rad bestimmten günstigsten Winkeln

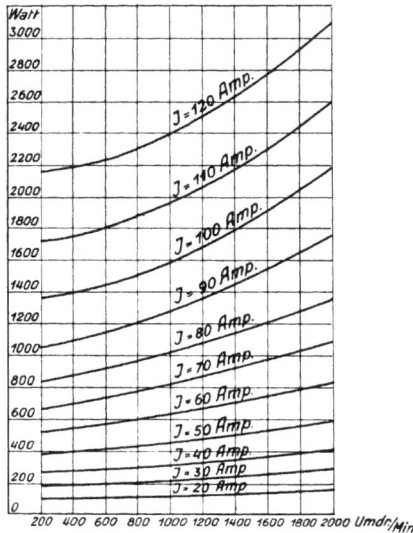

Fig. 9. Kupferverluste und zusätzliche Eisenverluste.

angebracht und die Schaufelbleche mit keilförmigen Paßstücken darin befestigt werden. Die Leitradschaufelzahl beträgt zwölf und läßt sich durch Herausnahme entsprechender Bleche auf 6, 4, 3 und 2 verringern. Zum Antrieb der Pumpe wurde ein 30 PS-Gleichstrom-Nebenschluß-Vertikalmotor der Maschinenfabrik Eßlingen verwendet, der mit einem Hauptstrom-Regulieranlasser ausgerüstet ist, durch den seine Umdrehungs-

zahl von 200 bis auf 1000 minutliche Umdrehungen gesteigert werden kann, während ein Nebenschlußwiderstand es ermöglicht, die Tourenzahl bis auf 3000 zu erhöhen. Um die von der Pumpe aufgenommene Leistung genauestens bestimmen zu können, wurde der Antriebsmotor mittels Hilfsmotor durch Herrn Assistent Diplom-Ingenieur D e f f n e r des elektrotechnischen Instituts der Kgl. Technischen Hochschule geeicht. Die Wirkungsgrade bei den verschiedenen Umdrehungszahlen und Belastungen lassen sich hierdurch unter Zuhilfenahme der beiden Diagramme Fig. 8 u. 9 leicht ermitteln, wie folgendes Beispiel zeigt. Es betrage der durch ein Milliamperemeter gemessene Ankerstrom unseres Antriebsmotors z. B. 50 Amp. bei einer Ankerspannung von 220 Volt und einer Umdrehungszahl von 1000 in der Minute. Die entsprechenden Verluste durch Lager-, Luft- und Bürstenreibung, sowie die Eisenverluste ergeben sich aus Fig. 8 zu $V_R = 760$ Watt[1]), während die Kupferverluste und die zusätzlichen Eisenverluste nach Fig. 9 bei 50 Amp. und $n = 1000$ $V_{Cu} = 460$ Watt betragen. Die gesamten Verluste $V = V_R + V_{Cu}$ machen also $V = 1220$ Watt aus. Die vom Motor aufgenommene Leistung N beträgt $N = 50 \cdot 220 = 11\,000$ Watt und die von ihm an die Pumpe übertragene Arbeit pro Sekunde demnach nur $N_i = 11\,000 - 1220 = 9780$ Watt. Sein Wirkungsgrad bei $n = 1000$ und 50 Amp. Ankerstrom ist also

$$\eta_M = \frac{9780}{11\,000} = 0,89$$

und seine indizierte Leistung in PS

$$N_i = \frac{9780 \cdot 1,36}{1000} = 13,3 \text{ PS}.$$

Auf diese Weise sind die in Tabelle Fig. 19 angegebenen Wirkungsgrade η_M (Spalte 11) und Leistungen N_r (Spalte 10) für die entsprechenden Ankerstromstärken und -Spannungen berechnet.

C. Die Meßvorrichtungen.

a) Elektrische Messungen.

Für die oben beschriebene Ermittelung des Wirkungsgrades unseres Antriebsmotors ist es notwendig, Ankerstrom und Ankerspannung zu bestimmen. Zu diesem Zweck wurde ein Präzisions-Millivolt- und Amperemeter der Weston Instrument Co. in Berlin nach dem in Fig. 10 wiedergegebenen Schaltungsschema angeordnet. Der gesamte Strom fließt von der +Klemme am Schaltbrett zur Klemme *a* am Motor, von wo er sich in Ankerstrom und Erregerstrom trennt. Ersterer wird von *a* durch den Anker, den Shunt bzw. das Milliampèremeter *Amp.* und den Regulieranlasser zurück zur —Klemme der Schalttafel geführt, während letzterer von *a* durch die Feldwicklungen und den Nebenschlußwiderstand zur —Klemme zurückfließt, also durch das Ampèremeter nicht mitgemessen wird. Der Shunt des Milliampèremeters ist für verschiedene Meßbereiche eingerichtet. Für die vorliegenden Versuche wurde der Bereich von $0 \sim 150$ Amp. verwendet, bei welchem ein Skalenteil des Milliampèremeters 1 Amp. Ankerstrom entspricht. Dadurch ist es möglich, die Stromstärke auf ¼ Amp. genau abzulesen, was, wie nachher gezeigt werden soll, für unsere Zwecke vollständig genügt, da die Wirkungsgradbestimmung des Antriebsmotors selbst eine Genauigkeit von höchstens 1½% besitzt. Zur Messung der zu den verschiedenen Ankerstromstärken gehörigen Spannungen ist die eine Klemme des ebenfalls mit verschiedenen Meßbereichen ausgerüsteten Millivoltmeters an die +Klemme am Schaltbrett angeschlossen, während

---
[1]) Die obere Kurve in Fig. 8 zeigt die Verluste einschließlich Reibungsverluste der Laufradwelle in ihren Lagern.

die zweite von der dem Anlasser zunächst liegenden Klemme des Shunts abzweigt. Durch diese Schaltung wird die Ankerspannung allein gemessen, da bei ihr der Regulieranlasser außerhalb des Voltmeterstromkreises liegt. Der Meßbereich des Millivoltmeters reicht entsprechend einer Netzspannung von 220 Volt von 0 bis 300 Volt, bei welchem ein Skalenteil des Instrumentes 2 Volt entspricht, so daß die Ankerspannung auf ½ Volt genau abgelesen werden kann. Auch diese Genauigkeit genügt unseren Anforderungen, wie aus folgender Überlegung leicht einzusehen ist. Die kleinste Leistung des Motors N_i, bei der der Einfluß der Ablesegenauigkeit am größten ist, war bei den Versuchen 0,7 PS bei einer Ankerspannung von 52 Volt und einer Stromstärke von 12,5 Amp. mit einer Umdrehungszahl des Motors von rd. $n = 230$, was eine indizierte Leistung $N = 650$ Watt

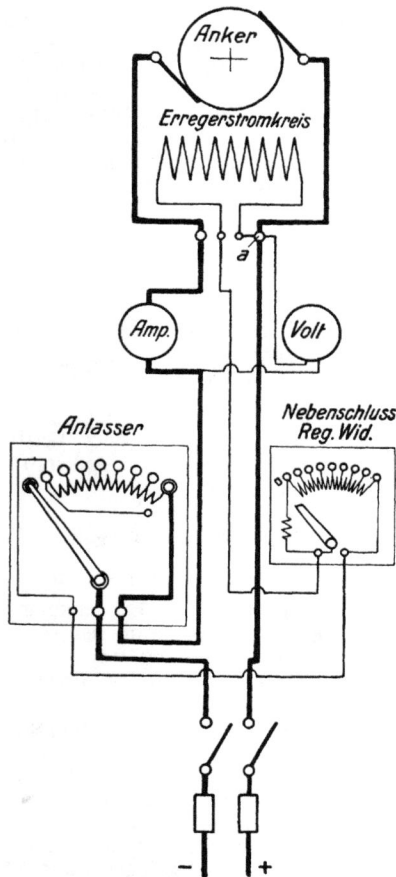

Fig. 10. Schaltungsschema des Antriebmotors.

ergibt. Die dabei auftretenden Verluste betragen nach den Diagrammen Fig. 8 u. 9

$$V_{Cu} = 30 \text{ Watt und } V_R = 105 \text{ Watt,}$$

zusammen also

$$V = V_{Cu} + V_R = 135 \text{ Watt.}$$

Der Motor übertrug also in diesem Falle an die Pumpe eine effektive Leistung von

$$N_i = N - V = 650 - 135 = 515 \text{ Watt}$$

und sein Wirkungsgrad war demnach

$$\eta_M = \frac{N_i}{N} = \frac{515}{650} = 79,2\%.$$

Wäre nun der Ablesegenauigkeiten entsprechend die Ankerspannung 52,5 Volt und die dazu gehörige Strom-

stärke 12,75 Amp. gewesen, so würde mit den entsprechenden $V_{Cu}' = 35$ Watt und $V_R' = 105$ Watt, $V' = 140$ Watt, $N' = 669,4$, $N_i' = 529,4$ Watt und $\eta_M' = \frac{529,4}{669,4} = 79,15\% = \frac{\eta_M}{1,0006}$, d. h. um 0,06% kleiner, während die Wirkungsgradbestimmung des Motors, wie oben erwähnt, höchstens auf 1,5% genau ist. Die von der Pumpe abgegebene Leistung N_e betrug bei den obigen Ablesungen 1,246 PS, womit ihr Wirkungsgrad e im ersten Fall

$$e = \frac{N_e}{N_i} = \frac{0,246 \cdot 736}{515} = 35,2\%$$

und im zweiten Fall

$$e' = \frac{N_e}{N_i} = \frac{0,246 \cdot 736}{529,4} = 34,2\%$$

wird. Diese Genauigkeit in der Bestimmung des Pumpenwirkungsgrades auf 1% befriedigt vollständig, zumal ja bei den mittleren und großen Leistungen die Ablesegenauigkeit eine viel geringere Rolle spielt, als bei dem eben betrachteten ungünstigsten Fall.

b) Messung der Umdrehungszahlen der Pumpe.

Die Bestimmung der Drehzahlen n des mit dem Antriebsmotor direkt gekuppelten Pumpenlaufrades geschah durch ein registrierendes und auch direkt anzeigendes Tachometer von Wilhelm Morell in Leipzig. Um die großen Unterschiede in den Umdrehungszahlen, die, wie schon auf S. 9 angeführt, zwischen 200 und 3000 liegen können, leichter zu bewältigen, wurde dasselbe mit zwei Meßbereichen ausgeführt. Der kleinere

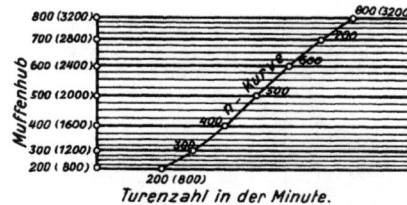

Fig. 11. Zusammenhang zwischen Muffenhub und Drehzahl des Tachographen.

reicht von $n = 200$ bis 800, der größere von $n = 800$ bis 3200. Bei ersterem entspricht ein Teilstrich der Skala fünf minutlichen Umdrehungen der Pumpe, bei letzterem 20. Die Entfernung der einzelnen Skalenteile ist derart, daß die Drehzahl auf 1¼ bzw. 5 genau abgelesen werden kann. Die Breite des durch ein Uhrwerk angetriebenen Registrierstreifens beträgt 60 mm, seine Papiergeschwindigkeit 10 mm in der Sekunde. Für die Aufschreibung der Drehzahl kommt eine Höhe von 48 mm in Betracht, die entsprechend dem Muffenhub des Tachometers in 24 ungleiche Teile geteilt ist, wie Fig. 11 zeigt, derart, daß der Abstand zweier Teilstriche eine Änderung der Umdrehungszahl um 25 beim kleinen und 100 beim großen Meßbereich darstellt. Zur möglichst genauen Ermittelung der minutlichen Umdrehungen des Pumpenlaufrades aus den Aufzeichnungen des Tachographen sind in Fig. 11 noch die Drehzahlen als Funktion des Muffenhubes aufgetragen, wobei, um die Schnitte mit den Parallelen zur Abszissenachse nicht unter zu spitzem Winkel zu erhalten, 100 Umdrehungen durch 10 bzw. 2,5 mm wiedergegeben werden. Man hat also nur den der zu bestimmenden Umdrehungszahl entsprechenden mittleren Muffenhub aus der Aufschreibung des Tachographen herauszumessen, in Fig. 11 zu übertragen, eine Parallele zur Horizontalen in dem so gefundenen Abstand zu ziehen und mißt in der Entfernung ihres Schnittpunktes mit der *n*-Kurve von der Ordinatenachse die zugehörige Drehzahl. Da mit einem guten Maßstab noch ¼ mm sicher abgelesen werden kann, so ist es auf dem beschriebenen Weg zwar möglich, die Drehzahlen auf 2,5 bzw. 10 Umdrehungen genau zu ermitteln. Das entspricht also nur der halben Genauigkeit, die bei den Ablesungen auf der Skala erreicht wird. Aus diesem Grund wurden auch die letzteren für die Versuche verwendet, während die Aufschreibungen nur zur Kontrolle gemacht wurden. Außerdem beträgt die garantierte Genauigkeit des Tachometers $\pm \frac{1}{2}\%$, welcher Wert aber nur bei Verwendung der Skala ausgenützt wird. Im übrigen genügt diese Ablesegenauigkeit, wenn man beachtet, daß die Leistung der Drehzahl in erster Annäherung direkt proportional ist.

Der Tachograph ist mittels einer aus Winkeleisen gebildeten Konsole an einer der Pumpe benachbarten Säule befestigt und wird durch geschränkte Bänder von zwei auf der Kuppelung sitzenden, den beiden Meßbereichen entsprechenden Scheiben angetrieben (Fig. 2 u. 3).

c) Messung der Förderhöhen.

Die Höhe, auf welche das Pumpenlaufrad das Wasser fördert, soll durch den Lagendruck an der Stelle *Dr* des Drosselklappengehäuses *VIII* (Fig. 1) plus der dort herrschenden Geschwindigkeitshöhe bestimmt werden. Die Klappe selbst wurde im Laufe der Vorversuche herausgenommen und die dadurch entstandenen Öffnungen durch Holzpfropfen verschlossen. Auf diese Weise entstand ein gerades Zwischenstück von 200 mm lichter Weite, das den Übergangsteil *VI* mit dem Krümmer *IX* verbindet. Die Drosselung wurde dafür am Ende der Venturiröhre *XI* durch einen Blindflansch *XII* hervorgerufen, der mittels vier Schrauben mit Muttern und Gegenmuttern an einem zweiteiligen, um die Röhre *XI* gelegten Ring *XIII* aufgehängt ist. Durch Änderung des Abstandes zwischen den Teilen *XI* und *XII* hat man es in der Hand, den Ausflußquerschnitt des Wassers von 0 bis auf den durch die Ausmaße der Venturiröhre gegebenen zu erhöhen und so die Pumpe auf verschiedene Förderhöhen zu bringen. Warum gerade die Meßstelle für die Förderhöhenbestimmung an den Punkt *Dr* gelegt wurde, hat seinen Grund darin, daß einerseits im normalen Betrieb die Pumpe durch das Rohr-

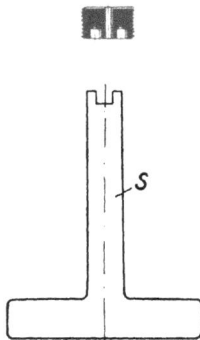

Fig. 12. Meßnippel.

stück *VIII* ausießen würde, anderseits aber in unserem Falle wohl dort eine ziemlich geordnete Strömung vorhanden sein dürfte, so daß die Druckmessung an der genannten Stelle einen hohen Grad von Genauigkeit erreichen wird. Sollte der von dem Übergangsstück *VI* herrührende Einfluß der Zentrifugalkraft in einer Vertikalebene in dem Verbindungsglied *VIII* noch nicht

ausgeglichen sein, so hat dies auf unsere Druckmessung keine Rückwirkung, da die Anbohrung für dieselbe in der mittleren Ebene, d. h. annähernd im neutralen Radius, ausgeführt wurde. Dagegen übt die Größe, Richtung und Beschaffenheit der Bohrung auf die Richtigkeit der Druckbestimmung einen großen Einfluß aus. Versuche von Just[1]) haben ergeben, daß eine glatte Bohrung von 1 bis 4 mm Durchmesser senkrecht zur Strömungsrichtung mit gut abgerundeten Kanten

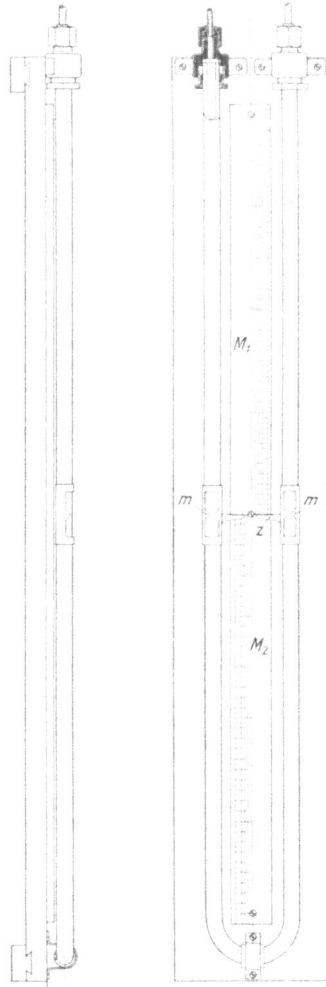

Fig. 13. Quecksilbermanometer.

den Druck am genauesten angibt. Von dieser Erfahrung wurde auch bei den vorliegenden Versuchen Gebrauch gemacht, und es wurden kleine Meßnippel nach Fig. 12 aus Messing hergestellt, die Bohrungen von 2 mm Durchmesser haben, deren Meßkanten Abrundungen von 1 mm Radius aufweisen. Diese Nippel sind außen mit ³⁄₈" Gasgewinde versehen, werden mittels eines Steckschlüssels *S* (Fig. 12) in die entsprechenden Bohrungen am Pumpengehäuse eingeschraubt und der Oberfläche der Meßstelle angepaßt. Damit sie sich infolge der unvermeidlichen Erschütterungen während des Betriebs der Pumpe nicht lockern können, sind kurze Gasrohrstücke mit ³⁄₈" Gewinde dagegengeschraubt (Fig. 17), die gewissermaßen als Gegenmuttern wirken. An diese können dann die Rohrleitungen zu den Mano-

---

[1]) Dr. Karl Just, Über Labyrinthdichtungen für Wasser, S. 19.

metern angeschlossen werden. Als solche wurden bei den Versuchen zuerst Röhrenfedermanometer verwendet, die sich aber bald als zu unempfindlich erwiesen und daher durch Quecksilbermanometer nach Fig. 13 ersetzt wurden. Diese bestehen aus U-förmig gebogenen, auf Holzbrettern montierten Glasröhren, längs welcher kleine Messinghülsen mit Zeiger (Fig. 14) verschoben werden können, die zum Einstellen bzw. Ablesen der Quecksilberhöhen auf den zu beiden Seiten der Röhren an-

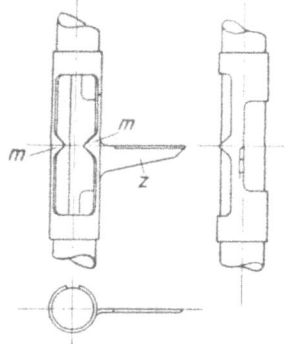

Fig. 14. Zeiger für die Quecksilbermanometer.

gebrachten Maßstäben dienen. Zur Verbindung der Manometer mit den Meßstellen wurden dünnwandige Kupferröhrchen von 2 mm lichter Weite verwendet, auf deren Enden kleine Messingringe gelötet waren, die durch Überwurfmuttern mit beigelegten Lederdichtungen mit den Enden der obenerwähnter Glasrohre bzw. den Stopfbüchsen der Glasröhren zu verschrauben sind. Letztere werden durch Blechbänder fest mit den Holzbrettern verbunden und durch Flacheisenstücke, die entsprechende Sechskante der Stopfbüchsen umfassen, am Verdrehen gehindert. Durch diese Anordnung ist einerseits eine dichte Verbindung zwischen Meßstelle und Manometer geschaffen, anderseits aber auch die Bruchgefahr der sehr empfindlichen Glasröhren auf ein Minimum herabgedrückt. Entsteht nun an der Meßstelle der Pumpe eine Druckdifferenz gegenüber dem unter Atmosphärendruck stehenden offenen Schenkel der U-Röhre, so wird sich die Quecksilbersäule so lange nach der einen oder anderen Seite der Röhre verschieben, bis sie dem Druck an der Meßstelle das Gleichgewicht hält. Stellt man, nachdem Beharrungszustand eingetreten ist, die Marken m der Messingschieber auf die Kuppen der Quecksilbersäulen ein, so können mit Hilfe der Zeiger z (Fig. 14) auf den Maßstäben M_1 und M_2 (Fig. 13) die Höhen des Quecksilbers in den rechten und linken Schenkeln über bzw. unter 0 abgelesen werden. Durch Addition der so erhaltenen Zahlen erhält man den Druck bzw. Unterdruck an der Meßstelle in mm Hg. Dabei ist aber das Folgende zu beachten. Herrscht an der Meßstelle ein höherer Druck als der Atmosphärendruck, so wird die im Kupfer- und Glasrohr befindliche Luft zusammengedrückt und infolgedessen sich die Kupferröhre teilweise mit Wasser füllen. Dadurch wäre aber schon ein Teil des Druckes im Gleichgewicht gehalten, und das Quecksilber würde daher um die Höhe der eingedrungenen Wassersäule über der Meßstelle zu wenig Druck anzeigen, die aber wegen der Undurchsichtigkeit des Kupfers nicht ermittelt werden kann. Dieser Fehler könnte nun vermieden werden, wenn Kupfer- und Glasrohr während des Betriebes der Pumpe vollständig mit Wasser gefüllt würden. In diesem Fall wäre der am Manometer gemessene Druck noch um den Höhenunterschied der mit dem Wasser in Verbindung stehenden Seite des Queck-

silbers bis zur Meßstelle zu vermehren. Abgesehen von der daraus hervorgehenden Umständlichkeit der Ablesung würden sich auch dabei wieder leicht Fehler einschleichen, wenn nicht alle Luft aus den Röhren entfernt ist, und nach jedem Abstellen der Pumpe müßten die Röhren wieder neuerdings mit Wasser gefüllt werden. All diese Übelstände können nun leicht vermieden werden, wenn man den Wasserdruck mit Hilfe von Luft auf das Quecksilber überträgt, ohne daß Wasser in die Kupferröhren eindringt, was auf folgende Weise erreicht wurde. Man schaltet zwischen die Meßstelle und das Kupferrohr mittels der Verschraubungen V_1 und V_2 ein luftdicht abgeschlossenes Gefäß Ge (Fig. 15) derart, daß die Höhenlage von V_1 mit der unserer Meßstelle übereinstimmt. Tritt nun eine Drucksteigerung ein, so fließt so lange Wasser in das Gefäß Ge, bis die Luft in ihm und dem angeschlossenen Kupferrohr auf den gleichen Druck wie an der Meßstelle komprimiert ist. Sowie aber kleine Schwankungen im Druck auftreten, sei es nun, daß derselbe etwas zu- oder abnimmt, wird im ersteren Fall wieder Wasser in das Gefäß Ge strömen, im letzteren Fall etwas Luft aus demselben entweichen. Dadurch würde aber das Gefäß sehr bald vollaufen und müßte so öfters so rechtzeitig entleert werden, daß kein Wasser in das Kupferrohr eindringt, was durch die beiden an den Seiten von Ge angebrachten Glasfenster Fe kontrolliert werden kann. Dieser Übelstand läßt sich aber umgehen, wenn man in der Verschraubung V_1 eine längere dünne Röhre R mittels eines durchbohrten Gummipfropfens befestigt, die gegen V_2 geschlossen ist, um ein ev. Eindringen von Wasser in das Kupferrohr zu verhindern, dafür aber auf der unteren Seite bei b (Fig. 15) eine kleine, etwa 2 mm

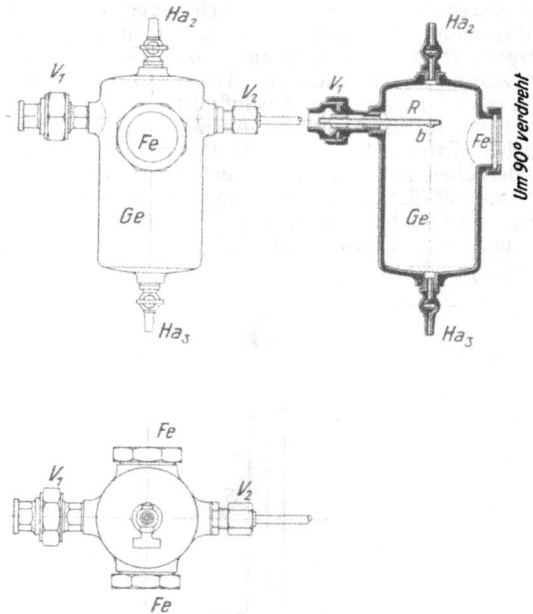

Fig 15. Meßflasche.

starke Bohrung enthält, durch welche das Wasser gezwungen wird, nach abwärts zu fließen. Läßt jetzt der Druck an der Meßstelle etwas nach, so muß die Luft erst das in dem Röhrchen R befindliche Wasser in das Pumpengehäuse zurückdrängen, bevor sie selbst aus dem Gefäß Ge entweichen kann, d. h. der Druck kann dem Volumen von R entsprechend abnehmen und wieder auf seine ursprüngliche Größe zurückgehen, ohne daß

— 13 —

neuerdings Wasser nach *Ge* zu fließen braucht. Macht man das Röhrchen *R* aus Glas, so kann man durch die Fenster *Fe* die pulsierende Bewegung des Wassers in ihm leicht beobachten, woran auch gleichzeitig festgestellt werden kann, ob ein Beharrungszustand eingetreten ist oder nicht. Solange Wasser aus dem Röhrchen *R* austritt, ist entweder der Druck der Luft im Gefäß *Ge* noch nicht gleich dem an der Meßstelle, oder wenn das Fließen überhaupt nicht aufhört, kann man mit Bestimmtheit auf eine Undichtheit schließen, die erst beseitigt werden muß, bevor überhaupt eine Druckablesung stattfinden kann. Durch die Einschaltung des Gefäßes *Ge*, das kurz Meßflasche genannt werden soll, ist man nicht allein unabhängig geworden von der Höhenlage der Quecksilbermanometer, denn das Gewicht der Luftsäule vom Meßpunkt bis zum Manometer ist vernachlässigbar klein (2 m Luftsäule entsprechen bei 12° C 2,4 mm Wassersäule), sondern es werden auch Falschmessungen infolge von Undichtheiten unmöglich gemacht. Bei absichtlicher, fortgesetzter Drucksteigerung werden die Meßflaschen schließlich vollaufen und müssen zur Fortsetzung des Versuches entleert werden. Zu diesem Zweck ist zwischen die Meßstelle und die Verschraubung *V₁* ein Durchgangshahn *Ha₁* (Fig. 1) geschaltet und die Meßflasche oben und unten mit einem Entlüftungshahn *Ha₂* bzw. Ablaßhahn *Ha₃* versehen. Der Versuch braucht also bei Vollaufen einer Meßflasche nicht unterbrochen zu werden, sondern es ist nur *Ha₁* zu schließen, *Ha₂* und *Ha₃* zu öffnen, bis die Flasche sich entleert hat, wodurch lediglich die Druckmessung auf Bruchteil einer Minute auszusetzen ist.

Was noch die Genauigkeit der Druckmessung mit den Quecksilbermanometern angeht, so kann man wohl mit Sicherheit noch ¼ mm Quecksilbersäule ablesen. Das macht also für die beiden Manometerhälften

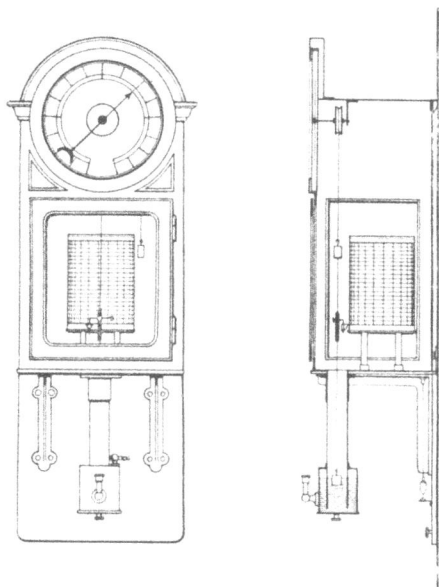
Fig. 16. Druckschreiber der „Hydro"-Apparate-Bauanstalt Düsseldorf.

½ mm Hg oder rd. 7 mm Wassersäule. Berücksichtigt man nun, daß immer kleine Druckschwankungen auftreten, d. h. daß das Quecksilber in den U-Röhren nie ganz zur Ruhe kommt, man also mit den kleinen Schiebern nur einen Mittelwert einstellen kann, so läßt sich ruhig behaupten, daß 7 mm Wassersäule von der Ablesegenauigkeit herrührend plus höchstens 2,4 mm Wassersäule bei Berücksichtigung der Luftsäule zwischen Meß-

stelle und Manometer, im ganzen also maximal 10 mm Wassersäule keine Rolle spielen, zumal ja die Förderhöhe nicht weniger als 200 mm betrug, dagegen bis 9 m gesteigert werden konnte.

Zur Kontrolle der Druckmessung bei *Dr* am Drosselgehäuse wurde noch der Druck unmittelbar über dem

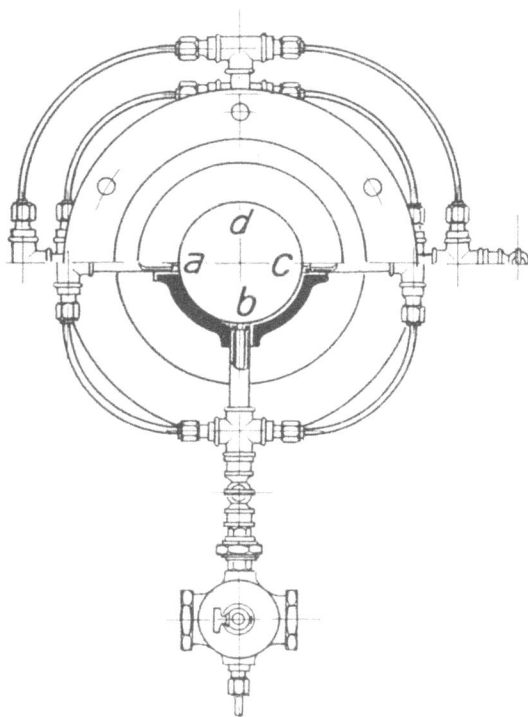
Fig. 17. Meßquerschnitt der Venturi-Röhre.

Laufrad bei *Du* bestimmt, und zwar mittels Quecksilbermanometers sowie eines von 0 bis 5 m Wassersäule registrierenden und gleichzeitig anzeigenden Manometers der „Hydro"-Apparate-Bauanstalt in Düsseldorf, das in Fig. 16 wiedergegeben ist, und dessen Angaben mit denen des Quecksilbermanometers übereinstimmten.

Um die Förderhöhen der Pumpe zu ermitteln, benötigt man neben den eben beschriebenen Druckbestimmungen noch die Geschwindigkeitshöhen an den Meßpunkten sowie deren Abstände vom Unterwasserspiegel. Die letzteren sind so lange konstant, als kein Wasser aus dem Behälter *O* (Fig. 1) verdunstet bzw. herausspritzt und lassen sich als Mittelwerte bei gefüllter, aber nicht laufender Pumpe mit einem Maßstab vor Beginn eines Versuches leicht messen und während des Betriebes kontrollieren. Die Geschwindigkeitshöhen dagegen können erst mit Hilfe der Wassermengen ermittelt werden, deren Messung im folgenden behandelt wird.

d) Messung der Wassermengen.

Zur Bestimmung der sekundlichen Fördermengen *Q* wurde eine sog. Venturiröhre (Fig. 1 *XI*) eingebaut, bei welcher die sie durchfließende Wassermenge durch den Druckunterschied zwischen zwei Querschnitten verschiedener Größe F_0 und F_1 gemessen wird. Unter der Annahme, daß der Druck über die ganzen Meßquerschnitte jeweils konstant ist und mit dem der mittleren Geschwindigkeit $\bar{c}_0$ bzw. $\bar{c}_1$ entsprechenden übereinstimmt, gilt die Arbeitsgleichung:

$$H_0 + h_0 + \frac{\bar{c}_0^2}{2g} = H_1 + h_1 + \frac{\bar{c}_1^2}{2g} + R_1,$$

wobei H_0 und H_1 die Entfernungen der Meßquerschnitts-schwerpunkte 0 und 1 in m über dem Unterwasserspiegel, h_0 bzw. h_1 die Drucke in m Wassersäule, $\frac{\bar{c}_0{}^2}{2g}$ und $\frac{\bar{c}_1{}^2}{2g}$ die zur Erzeugung der mittleren Geschwindigkeiten $\bar{c}_0$ und $\bar{c}_1$ an den betreffenden Querschnitten theoretisch notwendigen Gefällshöhen bedeuten, und R_1 den Reibungsverlust in m Wasser von 0 bis 1 darstellt. Die Druckmessung an den Querschnitten F_0 und F_1 geschah nach Fig. 17. An je vier einander gegenüberliegenden Stellen *a, b, c, d* wurde die Venturiröhre, um einen mittleren Druck zu erhalten, mit radial gerichteten Bohrungen und $^3/_8''$ G.G. versehen, in die, wie auf S. 11 beschrieben, wieder Meßnippel geschraubt wurden. Diese vier Meßpunkte waren durch T-Stücke bzw. ein Kreuzstück, von welchem aus die Leitung zum Manometer führt, und kurze Kupferrohre mit entsprechenden Verschraubungen (wie auf S. 12) zu verbinden. Die Übertragung der Drucke von den Meßstellen 0 und 1 zu dem Manometer geschah wieder durch Zwischenschalten von je einer Meßflasche, wobei durch Anschließen des einen Kupferrohres an die rechte, des anderen an die linke Seite des U-Rohres die Druckdifferenz $h_0 - h_1$ in mm Quecksilber abgelesen werden konnte. Aus ihr läßt sich die sekundliche Fördermenge Q als Produkt aus Querschnitt F_0 mal mittlerer Geschwindigkeit $\bar{c}_0$ nach der oben angeführten Arbeitsgleichung bestimmen. Darin ist nur noch zu beachten[1]), daß das Quadrat der mittleren Geschwindigkeit $(\bar{c}_0{}^2)$ kleiner ausfällt als das mittlere Geschwindigkeitsquadrat $(\overline{c_0{}^2})$. Demnach würde

$$\frac{\bar{c}_1{}^2 - \bar{c}_0{}^2}{2g} = (H_0 - H_1) + (h_0 - h_1) - R_1$$

zu klein ausfallen und zu wenig Wasser gemessen werden. Dieser Fehler kann aber durch einen Koeffizienten χ korrigiert werden, der das Verhältnis des Quadrats der mittleren Geschwindigkeit $\bar{c}_0{}^2$ zum mittleren Geschwindigkeitsquadrat $\overline{c_0{}^2}$ angibt, der für jede Venturiröhre verschieden sein kann und erst durch eine sorgfältige Eichung zu bestimmen wäre. Bei den vorliegenden Versuchen wurde χ gleich 1,05 geschätzt, da die bei ihnen verwendete Röhre zu groß war, um vor Vollendung des neuen Wasserkraftlaboratoriums geeicht werden zu können. Die Wassermengenmessung besitzt daher bezüglich dieses Korrekturgliedes und ebenso bezüglich der Reibung R_1, die mit Rücksicht auf die kurze Entfernung von 190 mm zwischen den Meßquerschnitten F_0 und F_1 vernachlässigt werde, nur relative Richtigkeit und bedarf einer späteren Berichtigung. In demselben Maße könnten auch die Wirkungsgrade der Pumpe nachträglich noch eine Korrektur erfahren.

Mit der Einführung des Koeffizienten χ und Vernachlässigung der Reibung R_1 tritt also an die Stelle der oben erwähnten Gleichung der Ausdruck:

$$\chi \cdot \frac{\bar{c}_1{}^2 - \bar{c}_0{}^2}{2g} = (H_0 - H_1) + (h_0 - h_1).$$

Darin läßt sich noch $\bar{c}_1$ durch $\bar{c}_0$ und die Querschnitte F_0 bzw. F_1 ausdrücken, indem

$$F_0 \cdot \bar{c}_0 = F_1 \cdot \bar{c}_1$$

ist, so daß

$$\bar{c}_1 = \bar{c}_0 \cdot \frac{F_0}{F_1}$$

wird. Demnach kann man schreiben:

---
[1]) Vgl. „Vorlesungen über Wasserkraftmaschinen" von Prof. Dr. Rudolf Camerer, Verlag von W. Engelmann, Leipzig und Berlin 1914, S. 65 ff.

$$\chi \cdot \frac{\bar{c}_0{}^2 \cdot \left(\dfrac{F_0}{F_1}\right)^2 - \bar{c}_0{}^2}{2g} = (H_0 - H_1) + (h_0 - h_1)$$

$$= \chi \cdot \frac{\left[\left(\dfrac{F_0}{F_1}\right)^2 - 1\right]}{2g} \cdot c_0{}^2$$

und

$$c_0{}^2 = \frac{[(H_0 - H_1) + (h_0 - h_1)] \cdot 2g}{\chi \cdot \left[\left(\dfrac{F_0}{F_1}\right)^2 - 1\right]},$$

d. h.

$$c_0 = \sqrt{\frac{[(H_0 - H_1) + (h_0 - h_1)]\,2g}{\chi \cdot \left[\left(\dfrac{F_0}{F_1}\right)^2 - 1\right]}}.$$

Für unseren Fall ist $H_0 - H_1 =$ Höhenabstand der beiden Meßquerschnitte $= 190$ mm,

$$F_0 = \frac{D_0{}^2 \cdot \pi}{4} = \frac{0{,}2^2 \cdot \pi}{4} = 0{,}0314 \text{ m}^2,$$

$$F_1 = \frac{D_1{}^2 \cdot \pi}{4} = \frac{0{,}125^2 \cdot \pi}{4} = 0{,}01227 \text{ m}^2,$$

$$\frac{F_0{}^2}{F_1{}^2} = 6{,}55$$

und somit

$$c_0 = \sqrt{\frac{[0{,}19 + (h_0 - h_1)]\,2g}{1{,}05 \cdot 5{,}55}} = \sqrt{3{,}375\,[0{,}19 + (h_0 - h_1)]},$$

woraus nach Einsetzung der verschiedenen Ablesungen für $(h_0 - h_1)$ die c_0 und damit auch durch Multiplikation mit $F_0 = 0{,}0314$ m² die verschiedenen Fördermengen leicht bestimmt werden können. Hinsichtlich der Genauigkeit der Druckablesungen gilt das gleiche wie auf S. 13 schon besprochen. Eine Kontrolle der Wassermengenmessung, die allerdings keine Ansprüche auf große Genauigkeit machen kann, wurde mit Hilfe der absoluten Geschwindigkeiten ca. 200 mm über dem Pumpenlaufrad durchgeführt und ergab eine vollständige Übereinstimmung der Fördermengen. Wie dabei die absoluten Geschwindigkeiten gemessen wurden, soll im folgenden Abschnitt gezeigt werden.

e) Messung der Absolutgeschwindigkeiten.

Zur Bestimmung der Absolutgeschwindigkeiten c (zu Beginn des Wassereintritts ins Laufrad mit dem Index 1, beim Austritt mit dem Index 2 versehen) nach Größe und Richtung wurde eine Pitotröhre nach Fig. 18 verwendet. Sie besteht aus einem gewöhnlichen, außen abgedrehten $^1/_8''$ Gasrohr, das am einen Ende zugelötet und in 10 mm Abstand davon (bei *a*) mit einer genau radial gerichteten Bohrung von 2 mm Durchmesser und abgerundeter Kante versehen wurde. Durch die Mitte der Bohrung geht auf der Oberfläche des Rohres eine feine Rinne, welche zur Bezeichnung der Nullstellung dient. Die Pitotröhre läßt sich mit Hilfe des Nippels *b* mit dem Pumpenkörper verbinden und wird gegen Verdrehen und Verschieben durch Anziehen der Überwurfmutter *h* gesichert, welche durch die Messingscheibe *g* die Gummidichtung *f* gegen das Rohr preßt. Da die Oberkante von *h* gleichzeitig als Fixpunkt für die radiale Verschiebung der Meßröhre dienen soll, muß durch Anbringen eines Körners auf den Stücken *e* bzw. *h* und Zählen der Umdrehungen der Überwurfmutter *h* dafür gesorgt werden, daß während eines Versuches die Gummidichtung *f* immer gleichstark zusammengedrückt wird. Den verschiedenen Meßpunkten im Innern des Pumpenkörpers entsprechend, sind auf der Pitotröhre Marken *I*,

II, *III* und *IV* angebracht, auf die der Stellring *k* mit Zeiger *i* und Klemmschraube *l* eingestellt wird. Ersterer ist außen mit einer von der Zeigerspitze ausgehend zu denkenden radialen Kerbe versehen, die bei jeder Verschiebung der Pitotröhre auf die Rinne in ihrer Oberfläche einzustellen ist. Dadurch gibt der Zeiger *ι* auf einem mit Hilfe der geränderten Mutter *e* und Beilagscheibe *d* auf dem Nippel *b* befestigten Winkelmesser *c* aus Zelluloid die Verdrehung der Meßöffnung *a* gegen die Vertikale an. Das der Bohrung gegenüberliegende Ende der Pitotröhre ist bei *m* mit einem Gewinde zur Aufnahme eines Reduktionsnippels versehen, an welchen

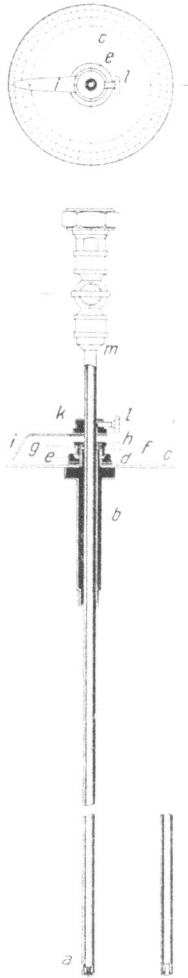

Fig. 18. Pitot- und Piezometerröhre.

eine Meßflasche angeschlossen werden kann. Der damit gemessene Druck h_k setzt sich zusammen aus einem Teil *h*, der an der Meßstelle herrscht, und einem Teil $h_g = \frac{c^2}{2g}$, der durch Umsetzung der in Richtung der Bohrung gemessenen Geschwindigkeitskomponente in Druck entsteht. Letzterer wechselt seine Größe mit der Verdrehung der Röhre und erreicht seinen Höchstwert, wenn die Richtung der Bohrung *a* mit der in die Drehebene fallenden Richtung der Absolutgeschwindigkeit zusammenfällt. Der zugehörige Winkel mit der Vertikalen kann leicht an der Zelluloidscheibe *c* mit Hilfe des Zeigers *i* abgelesen werden. Damit wäre also die

Richtung der Absolutgeschwindigkeit unter der Annahme bestimmt, daß bei den vorliegenden Versuchen die Strömungslinien nur in Zylinderflächen verlaufen, was wohl auch zutreffen dürfte, da ja das geförderte Wasser an den Meßstellen durch ein vertikales Rohr fließt und zu Strömungen senkrecht zur Rohrachse keine Veranlassung gegeben ist. Die Größe der Absolutgeschwindigkeit dagegen läßt sich erst aus dem Druck h_k berechnen, wenn noch der Druck *h* an der Meßstelle getrennt ermittelt wird. Dies geschah nach Bestimmung der Absolutgeschwindigkeitsrichtungen an den verschiedenen Punkten des Meßquerschnittes durch Vertauschen der Pitotröhre mit einer genau gleichen Piezometerröhre, die an Stelle der Bohrung *a* eine solche in Richtung ihrer Längsachse enthielt (Fig. 18). Die damit gemachten Druckmessungen *h* von den entsprechenden h_k der Pitotröhre abgezogen, ergeben die Geschwindigkeitshöhen $h_g = \frac{c^2}{2g}$, woraus sich die Absolutgeschwindigkeiten berechnen lassen. Daß die eben beschriebene Art der Geschwindigkeitsbestimmung keinen Anspruch auf allzugroße Genauigkeit machen kann, leuchtet wohl schon aus dem Grund ein, daß die Pitot- und Piezometerablesungen an den verschiedenen Meßpunkten nicht gleichzeitig gemacht wurden, wenn auch der Beharrungszustand der Pumpe ein sehr guter war. Außerdem sind Geschwindigkeitsschwankungen über den Meßquerschnitt nicht zu verhindern, abgesehen davon, daß durch die Einführung der Meßröhren kleine Änderungen des Strömungsbildes auftreten müssen, die bei gleichzeitiger Einbringung zweier Röhren selbstverständlich noch vergrößert worden wären.

D. Die Versuchsergebnisse.

I. Kleines Laufrad. (Außendurchmesser 300 mm.)

a) Allgemeines.

Die Versuche wurden folgendermaßen durchgeführt. Nach Einstellung der zu untersuchenden Leit- und Laufradwinkel erfolgte die Inbetriebsetzung ohne Drosselung an der Venturiröhre und bei ausgeschaltetem Tachographen durch allmähliche Steigerung der Umdrehungszahl, bis ein Fließen des Wassers durch die Beruhigungswand im Behälter *O* deutlich festgestellt werden konnte. Damit war auch die Gewähr für die vollständige Füllung des Pumpengehäuses gegeben. Hierauf wurde auf die kleinstmögliche Tourenzahl zurückreguliert, die beim kleinen Versuchslaufrad ungefähr 350 minutliche Umdrehungen betrug. Dabei blieb der Unterwasserspiegel so ruhig, daß seine Abstände von den Meßpunkten *Dr* und *Du* mit größter Genauigkeit gemessen werden konnten. Nun erfolgte die Einstellung der Registrierinstrumente und die Eintragung von Tag und Zeit des Meßbeginnes auf den Diagrammstreifen. Dann wurde der Motor wieder kurze Zeit ausgeschaltet, wobei die ganze Versuchsanordnung mit Wasser gefüllt blieb, und das Antriebsband für den kleinen Meßbereich des Tachographen aufgelegt. Jetzt erst konnte der eigentliche Versuch beginnen. Der Motor wurde wieder eingeschaltet und die Verbindungshähne der Meßflaschen mit den Meßpunkten geöffnet nach vorheriger Kontrolle ihres Leerseins bzw. des Geschlossenseins ihrer Ablaß- und Entlüftungshähne. Schon nach kurzer Zeit konnte man sich vergewissern, daß das Einströmen von Wasser in die Meßflaschen aufhört hatte, d. h. daß die Manometer ablesbar waren, bzw. der Hydro-Apparat im Mittel eine horizontale Linie registrierte. Nun wurden die Messingschieber der Quecksilbermanometer auf die entsprechenden Quecksilberkuppen eingestellt und dann hintereinander Zeit, Tourenzahl, Ankerspannung und Stromstärke, die Drucke an den Meßstellen *Du* und *Dr*,

Versuch vom 16. 6. 14. $\left\{ \begin{array}{l} c_0 = 90°, \ \beta_2 = 30°, \ \alpha_3 = —. \\ z_0 = 6, \ z_2 = 6, \ z_3 = 0. \end{array} \right.$
Venturi-Röhre 200/125 ganz offen. Schaufeln zugeschärft.
Laufraddurchmesser außen 300 mm.

1 Zeit	2 u	3 Anker-strom	4 Anker-spannung	5 V_{cu} (Watt)	6 V_R (Watt)	7 $N-V=V_{cu}+V_R$ (Watt)	8 N (Watt)	9 $N-V$ (Watt)	10 N_1 (PS)	11 η_u (°/₀)	12 h_{vu} (mm Hg)	13 h_{vu} (m W)	14 H_{Du} (m W)	15 β_u (m W)	16 h_{Dr} (mm Hg)	17 h_{Dr} (m W)	18 H_{Dr} (m W)	19 β_{Dr} (m W)	20 h_{nl} (mm Hg)	21 h_{nl} (m W)	22 H_1-H_0 (m W)	23 $\beta_2-\beta_1$ (m W)	24 $c_0^2/2g$ (m)	25 c_0 (m/sek)	26 Q (m³/sek)	27 $c_{vu}^2/2g$ (m)	28 H' (bei D_u in m)	29 H (bei D_r in m)	30 N_0 (PS)	31 ϑ (°/₀)
6^{14}	370	10,0	87,0	35	180	215	865	650	0,883	75,2	2,0	0,027	0,255	0,282	—112,0	—1,523	1,650	0,127	98,0	1,333	0,190	1,523	0,263	2,27	0,0712	0,056	0,338	0,390	0,371	42,0
6^{16}	370	10,0	86,0								2,0				—112,0				98,0											
6^{18}	545	17,5	120,0	85	290	375	2 105	1 730	2,350	82,2	26,0	0,354	0,255	0,609	—104,5	—1,420	1,650	0,230	194,0	2,680	0,190	2,870	0,494	3,12	0,0975	0,105	0,714	0,724	0,942	40,2
6^{20}	535	18,0	117,0								26,0				—104,5				200,0											
6^{23}	725	28,5	155,0	180	435	615	4 420	3 805	5,165	86,2	63,0	0,856	0,255	1,111	—93,0	—1,265	1,650	0,385	374,0	5,110	0,190	5,300	0,915	4,23	0,1330	0,195	1,306	1,300	2,305	44,8
6^{25}	725	28,5	155,0								63,0				—93,0				378,0											
6^{29}	870	38,5	186,0	290	590	880	7 150	6 270	8,520	87,7	102,5	1,395	0,255	1,650	—72,0	—0,978	1,650	0,672	631,0	8,430	0,190	8,620	1,485	5,40	0,1690	0,316	1,966	2,157	4,820	56,5
6^{33}	870	38,5	186,0								102,5				—72,0				611,0											
6^{38}	1130	63,0	215,0	705	810	1515	13 530	12 015	16,350	88,8	170,0	2,310	0,255	2,565	—19,0	—0,258	1,650	1,392	726,0	9,860	0,190	10,050	1,735	5,82	0,1830	0,370	2,935	3,127	7,620	46,7
6^{41}	1130	63,0	215,0								170,0				—19,0				726,0											
6^{43}	1345	101,0	209,0	1760	970	2730	21 000	18 270	24,800	87,0	227,0	3,090	0,255	3,345	+39,0	+0,530	1,650	2,18	784,0	10,660	0,190	10,850	1,875	6,05	0,1900	0,399	3,744	4,055	10,250	41,3
6^{44}	1345	100,0	209,0								227,0				+39,0				784,0											
6^{48}	1010	47,5	218,0	430	760	1190	10 430	9 240	12,580	88,5	142,0	1,945	0,255	2,200	—44,5	—0,590	1,650	1,06	699,0	9,510	0,190	9,700	1,670	5,72	0,1800	0,356	2,556	2,730	6,550	52,2
6^{50}	1010	48,0	219,0								144,0				—42,5				701,0											

Fig. 19. Versuchswerte.

sowie die Druckdifferenzen an der Venturiröhre in vorgedruckte Tabellen nach Fig. 19 eingetragen, auf denen auch die vorher gemessenen Abstände der Meßpunkte vom Unterwasser (H_{Du} und H_{Dr}) vermerkt worden waren. Nach Verlauf von etwa 3 Minuten wiederholte sich dieser Vorgang bei der gleichen Umdrehungszahl des Pumpenlaufrades. Diese wurde dann von 300 zu 300 Touren gesteigert, bis die höchstzulässige Ankerstromstärke von 125 Amp. des Antriebsmotors Einhalt gebot, worauf ein Zurückregulieren in der Weise stattfand, daß die Tourenzahlen die Stufen beim Aufwärtsgang ungefähr halbierten, d. h. daß insgesamt Unterschiede von 150 Touren entstanden. Bei diesen Änderungen der Drehzahl erfolgten die jeweiligen Aufschreibungen ebenfalls wieder in Abständen von ungefähr 3 Minuten. Dabei ist nur noch zu bemerken, daß beim Übergang vom kleinen Meßbereich des Tachographen zum großen die Pumpe kurze Zeit angehalten werden mußte, damit die Antriebsbänder umgewechselt werden konnten. Nach diesen Versuchen ohne Drosselung erfolgten solche mit ganz geschlossener Venturiröhre bei verschiedenen Drehzahlen, wobei noch darauf zu achten war, daß der Druckschreiber mit Rücksicht auf seinen Meßbereich vor Erreichung einer Förderhöhe von 5 m abgeschaltet werden mußte. Die bei gleicher Drehzahl erhaltene Druckdifferenz an der Meßstelle Dr zwischen den Werten für ganz geschlossene und ganz offene Venturiröhre wurde in drei gleiche Teile geteilt und diente so zur Festlegung zweier weiterer Förderhöhen, auf welche dann eine Einstellung der Drosselung durch den Blindflansch erfolgte. Für diese beiden weiteren Einstellungen der Drosselung wurden die Untersuchungen in der gleichen Weise wie oben durchgeführt, so daß für jede Versuchsreihe im ganzen vier verschiedene Drosselungen der Aufstellung von Vergleichswerten zur Verfügung stehen.

Nach diesen allgemeinen Betrachtungen über die Ausführung der einzelnen Versuche sollen im folgenden deren Resultate näher besprochen werden.

b) Versuche ohne Leiträder mit nicht zugeschärften Laufradschaufeln.

Untersucht wurden Laufradschaufelwinkel β_2 (Winkel zwischen Relativgeschwindigkeit w_2 am Austritt und Umfangsgeschwindigkeit u_2) von 10°, 20°, 30°, 40° und 50°, wobei die Schaufelbleche senkrecht zu ihrer

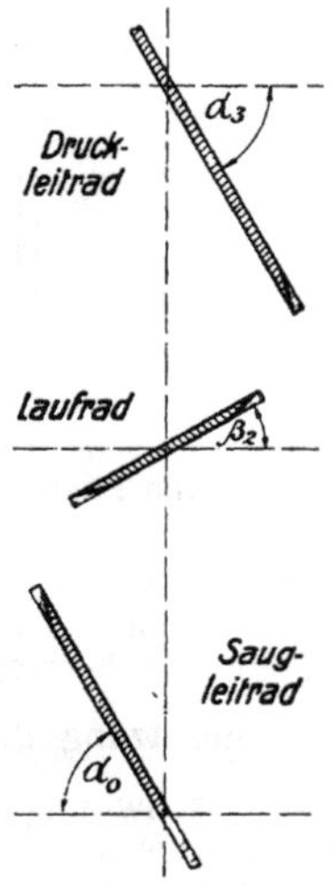

Fig. 20. Lauf- und Leitradschaufelwinkel.

Oberfläche abgeschnitten waren (vgl. Fig. 20). Von einer Variation der Förderhöhen durch Drosselung konnte dabei abgesehen werden, da es sich bei diesen

Versuchen lediglich darum handelte, einige Vergleichswerte zur Gegenüberstellung mit den Ergebnissen bei zugeschärften Schaufelblechen zu erhalten, die doch sicherlich wirtschaftlicher arbeiten müssen. In Diagramm Fig. 21 sind die Resultate in Abhängigkeit von

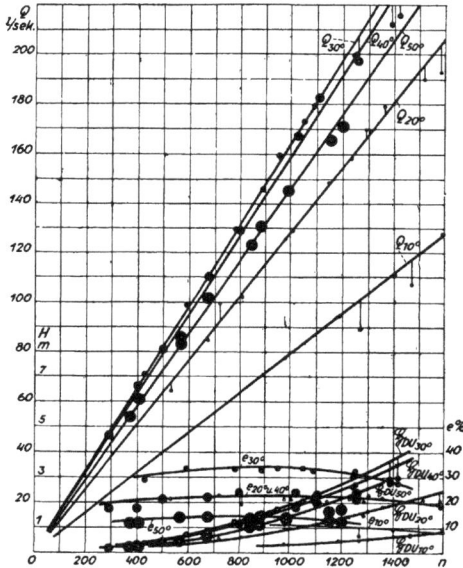

Fig. 21. Q, H und e als Funktionen von n bei nicht zugeschärften Laufradschaufeln für $\beta_2 = 10^0$, 20^0, 30^0, 40^0 und 50^0, $z_2 = 6$.

den Drehzahlen aufgetragen, aus denen die in Fig. 22 dargestellten Änderungen der bei verschiedenen konstanten Förderhöhen ermittelten Fördermengen, Umdrehungszahlen und Wirkungsgrade mit den Schaufelwinkeln β_2 hervorgehen. Man erkennt aus den beiden Diagrammen deutlich, daß bei $\beta_2 = 30^0$ die Pumpe am

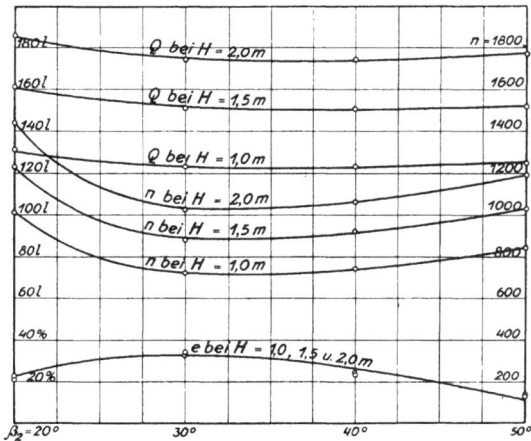

Fig. 22. Q, e und n bei verschiedenen H in Abhängigkeit von β_2 bei nicht zugeschärften Laufradschaufeln.

günstigsten arbeitet, denn ihre Wirkungsgrade nehmen bis zu diesem Schaufelwinkel zu und bei einer Vergrößerung desselben wieder ab. Weiter folgt, daß die Fördermengen Q bei gleichbleibendem β_2 den Umdrehungszahlen n des Laufrades proportional sind, während die Förderhöhen $\mathfrak{H}_{Du}$ sich angenähert linear mit n^2 ändern[1]). Zu erwähnen ist noch, daß als Förderhöhen

---

[1]) d. h., daß sowohl die Umdrehungszahlen n als auch die sekundlichen Fördermengen Q wie bei den Wasserturbinen der Wurzel aus der Förderhöhe proportional sind.

bei den Versuchen mit nicht zugeschärften Schaufelblechen nur die Lagendrucke $\mathfrak{H}_{Du} = h_{Du} + H_{Du}$ an der untersten Meßstelle Du etwa 200 mm über der Laufradmitte eingesetzt sind. Dasselbe geschah bei den Versuchen mit zugeschärften Schaufeln. Bei letzteren wurden aber außerdem die Förderhöhen bis zum Punkt Dr vor dem Krümmer IX bestimmt, und diese Werte sind

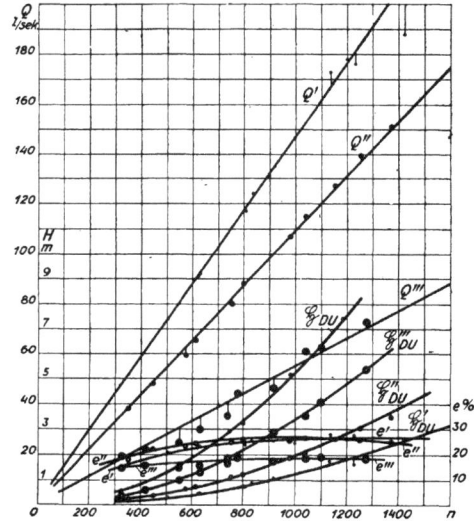

Fig. 23. Q, H und e als Funktionen von n bei nicht zugeschärften Laufrad- und Druckleitradschaufeln für $\alpha_0 = 60^0$ und $\beta_2 = 30^0$, $z_2 = 6$.

einschließlich der dort herrschenden Geschwindigkeitshöhen in den Diagrammen als Förderhöhen eingesetzt.

c) Versuche mit Saugleitrad bei nicht zugeschärften Lauf- und Leitradschaufeln.

In Fig. 23 sind die Ergebnisse der Untersuchung, die für einen willkürlich gewählten Schaufelwinkel α_0 (Winkel zwischen Absolut- c_0 und Umfangsgeschwindigkeit u_0 vor dem Eintritt ins Laufrad) des Saugleitrades

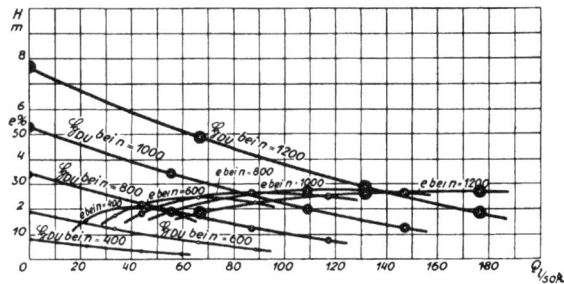

Fig. 24. Q-H-Kurven für $\alpha_0 = 60^0$, $\beta_2 = 30^0$ bei nicht zugeschärften Schaufeln, $z_2 = 6$.

von 60^0 mit der Umfangsrichtung bei dem unter b) festgestellten günstigsten Laufradwinkel $\beta_2 = 30^0$ durchgeführt wurde, in Abhängigkeit von der Drehzahl zusammengestellt. Aus ihnen folgt die in Fig. 24 wiedergegebene Änderung der Förderhöhen $\mathfrak{H}_{Du}$ und Wirkungsgrade e der Pumpe mit den Fördermengen bei verschiedenen Drehzahlen, die im Pumpenbau unter der Bezeichnung Q-H-Kurven bekannt ist. Durch die Einführung des Saugleitrades unter dem willkürlich angenommenen Winkel $\alpha_0 = 60^0$ ist eine Verschlechterung des Nutzeffektes eingetreten, die aber noch keinen allgemeinen Schluß auf eine Nachteiligkeit des ersteren begründet. Weiter geht aus Fig. 24 hervor, daß bei gleichbleibenden Tourenzahlen die Förderhöhen ungefähr umgekehrt proportional sind den Fördermengen, während diese selbst wieder, wie aus Fig. 23 folgt, linear mit n sich ändern, wobei H in gleichem Maße mit n^2 zunimmt.

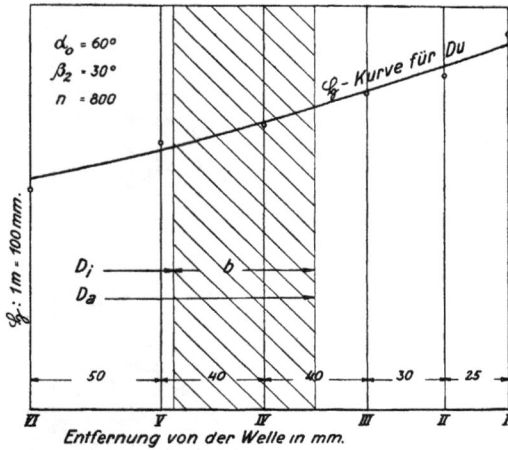

Fig. 25. Druckverlauf im Innern der Pumpe. ($\alpha_0 = 60^0$, $\beta_2 = 30^0$, $n = 800$).

Ferner ist noch in Fig. 25 der Druckverlauf im Innern des Pumpengehäuses dargestellt, welcher an der Meßstelle für die Förderhöhe bei $n = 800$ ermittelt wurde, und der eine deutliche Druckzunahme nach außen erkennen läßt.

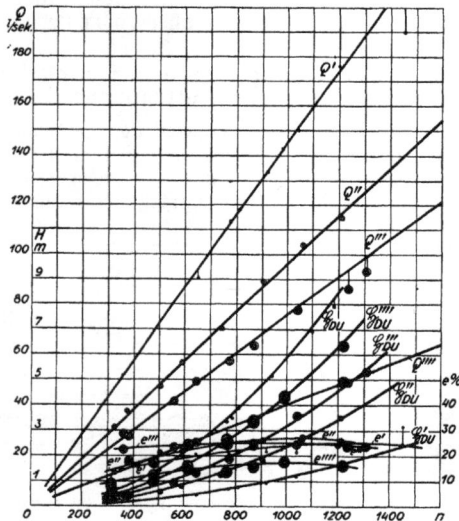

Fig. 26. Q, H und e als Funktionen von n bei nicht zugeschärften Lauf- und Leitradschaufeln für $\alpha_0 = 60^0$, $\beta_2 = 30^0$ und $\alpha_3 = 60^0$, $z_2 = 6$.

d) Versuche mit Saug- und Druckleitrad bei nicht zugeschärften Lauf- und Leitradschaufeln.

Die Untersuchung wurde auf eine Winkelstellung von $\alpha_0 = 60^0$, $\beta_2 = 30^0$ und $\alpha_3 = 60^0$ (Winkel zwischen Absolut- c_3 und Umfangsgeschwindigkeit u_3 nach dem Austritt aus dem Laufrad) beschränkt. Als Förderhöhe ist in den Diagrammen Fig. 26 u. 27 wieder der Lagendruck $\mathfrak{H}_{Du}$ an der Stelle Du eingesetzt, der, wie bei den bisherigen Versuchen, parabolischen Verlauf in seiner Abhängigkeit von der Drehzahl zeigt. Die Fördermengen sind ebenfalls geradlinige Funktionen von n,

und die Wirkungsgradkurven weisen den gleichen flachgekrümmten Verlauf wie bisher auf. Jedoch ist ein abermaliges Zurückgehen des Güteverhältnisses durch die Einführung des Druckleitrades zu verzeichnen, woraus aber, mit Rücksicht auf die Willkür in der Annahme von $\alpha_3 = 60^0$, noch keine allgemeinen Schlüsse gezogen werden können. Die Q-H-Kurven haben den gleichen Charakter wie im vorerwähnten Fall, doch be-

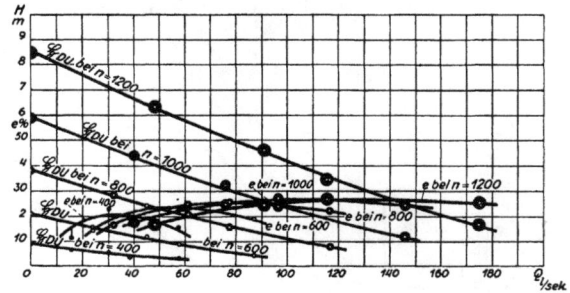

Fig. 27. Q-H-Kurven für $\alpha_0 = 60^0$, $\beta_2 = 30^0$, $\alpha_3 = 60^0$ bei nicht zugeschärften Laufradschaufeln, $z_2 = 6$.

merkt man bei gleicher Drehzahl eine geringe Steigerung der Förderhöhe. Eine Druckmessung im Innern der Pumpe an der Meßstelle Do (Fig. 1) ergab die in Fig. 28 dargestellten Werte, die gegenüber Fig. 25 eine wesentlich geringere Druckzunahme mit der Entfernung vom Wellenmittel aufweist, was sich leicht aus der Verminderung der Rotation des Wasserkörpers durch die Druckleitschaufeln erklären läßt.

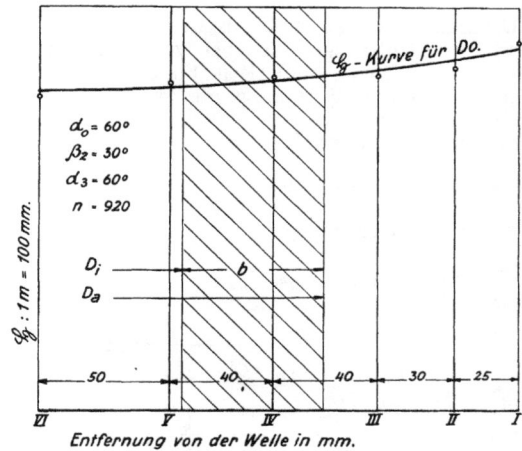

Fig. 28. Druckverlauf im Innern der Pumpe ($\alpha_0 = 60^0$ $\beta_2 = 30^0$, $\alpha_3 = 60^0$, $n = 920$).

e) Versuche ohne Leiträder mit zugeschärften Laufradschaufeln.

Die Untersuchung erstreckte sich auf die Schaufelwinkel $\beta_2 = 10^0$, 20^0, 25^0, 30^0 und 40^0, wobei die Schaufeln nach Fig. 20 zugeschärft wurden. Die Schaufelzahl betrug dabei wieder $z_2 = 6$, wurde aber bei $\beta_2 = 25^0$ zum Vergleich auch auf $z_2 = 3$ verringert. Außerdem erfolgten die Versuche noch bei je vier verschiedenen, durch Drosselung hervorgerufenen Förderhöhen. In Fig. 29 bis 35 sind die Ergebnisse zusammengestellt, aus denen wieder die Abhängigkeit der Q, n und e bei verschiedenen H und gleicher Drosselung von den Schaufelwinkeln β_2 in Fig. 36 entwickelt wurde. Man bemerkt, daß die günstigste und von der Förderhöhe unabhängige Laufradschaufelstellung diesmal sich ungefähr bei $\beta_2 = 25^0$ ergeben hat, gegen $\beta_2 = 30^0$ bei nicht zugeschärften Schaufeln. Außerdem wird der Wirkungsgrad gegenüber diesen wesentlich größer. So z. B. erhielt man bei $\beta_2 = 30^0$ und $\mathfrak{H}_{Du} = 2$ m im ersten Fall $e = 33\%$, während jetzt unter Berücksichtigung der Größe $\mathfrak{H}_{Du} = 2$ m als Förderhöhe e zu 40% festgestellt werden kann (Fig. 37). Dieses Ergebnis war ja vorauszusehen und es sollte durch die

der Q-Kurve das eigentümliche Ergebnis hervor, daß die Wassermenge, die auf eine bestimmte Höhe gefördert werden kann, nur von der Drehzahl nicht aber von den Schaufelwinkeln abhängt.

Betrachtet man endlich noch die Abhängigkeit der Drehzahl n vom Winkel β_2 in Fig. 36, so zeigt sich, daß bei Förderung einer bestimmten Wassermenge auf die

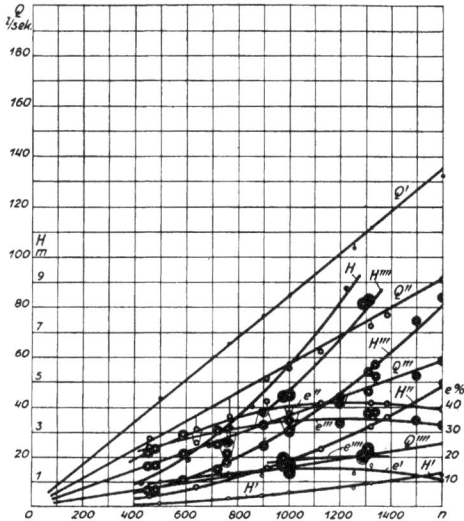

Fig. 29. Q, H und e als Funktionen von n bei zugeschärften Laufradschaufeln für $\beta_2 = 10^0$, $z_2 = 6$.

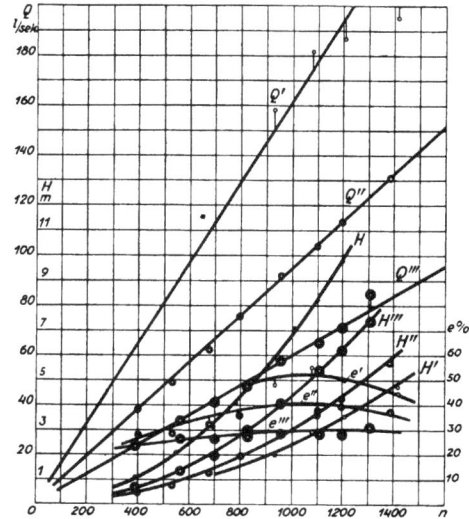

Fig. 31. Q, H und e als Funktionen von n bei zugeschärften Laufradschaufeln für $\beta_2 = 25^0$, $z_2 = 6$.

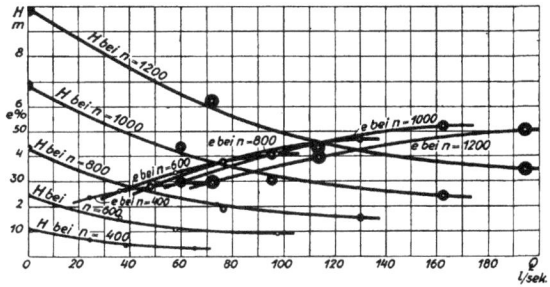

Fig. 32. Q-H-Kurven für $\beta_2 = 25^0$ bei zugeschärften Laufradschaufeln, $z_2 = 6$.

Gegenüberstellung der Versuche mit nicht zugeschärften Schaufeln und der mit zugeschärften Schaufeln auch nur gezeigt werden, von welch wichtiger Bedeutung im Wasserkraftmaschinenbau kleine Ausführungsfeinheiten unter Umständen sein können. Außerdem findet man,

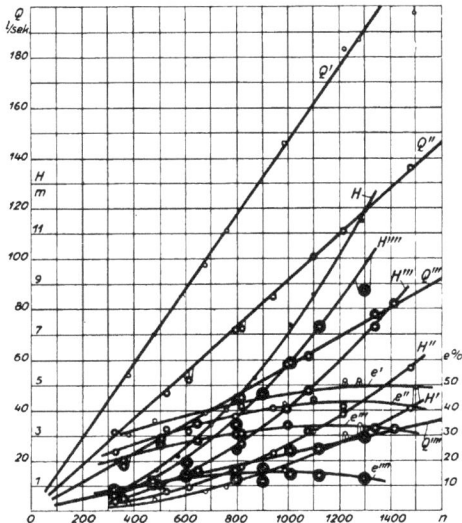

Fig. 30. Q, H und e als Funktionen von n bei zugeschärften Laufradschaufeln für $\beta_2 = 20^0$, $z_2 = 6$.

daß bei gleicher Umdrehungszahl sowohl Fördermenge als auch Förderhöhe größer sind, als bei nicht zugeschärften Schaufelblechen. Der Zusammenhang zwischen sekundlicher Fördermenge, Umdrehungszahl in der Minute und Förderhöhe dagegen bleibt wieder der gleiche wie bei den Wasserturbinen. Ferner geht aus Fig. 36 mit Rücksicht auf den zur Abszissenachse parallelen Verlauf

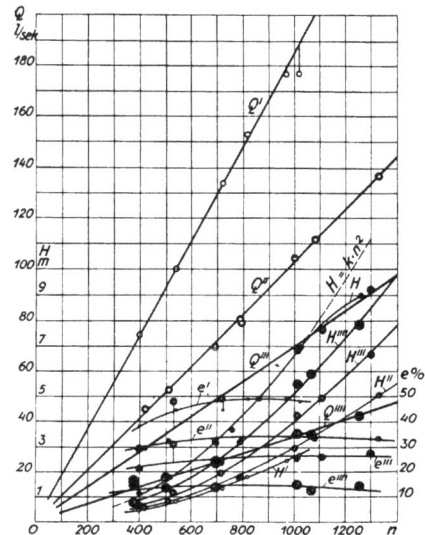

Fig. 33. Q, H und e als Funktionen von n bei zugeschärften Laufradschaufeln für $\beta_2 = 30$, $z_2 = 6$.

gleiche Höhe die Pumpe mit zunehmendem β_2 weniger Umdrehungen in der Minute machen muß. Dies gilt bis ungefähr $\beta_2 = 30^0$. Von da ab nehmen auch mit wachsendem β_2 die n wieder zu, was auf eine stärkere Wirbelbildung schließen läßt. In Fig. 38 endlich sind die

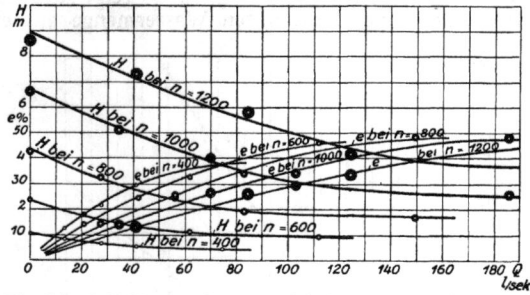

Fig. 34. Q-H-Kurven für $\beta_2 = 30^0$, bei zugeschärften Laufradschaufeln, $z_2 = 6$.

Versuchsergebnisse dargestellt, wenn man die Schaufelzahl z_2 auf drei verringert. Man bemerkt, daß bei ganz geschlossener Drossel die Pumpe etwa nur die Hälfte

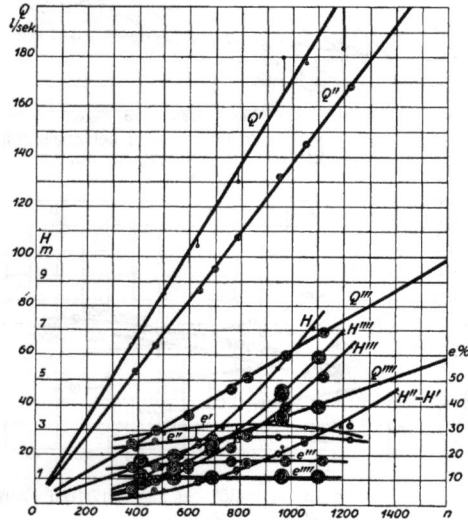

Fig. 35. Q, H und e als Funktionen von n bei zugeschärften Laufradschaufeln für $\beta_2 = 40^0$, $z_2 = 6$.

des Druckes erzeugen kann, wie bei $z_2 = 6$ und gleicher Umdrehungszahl, während die Wassermenge angenähert dieselbe bleibt. Damit hängt auch zusammen, daß bei

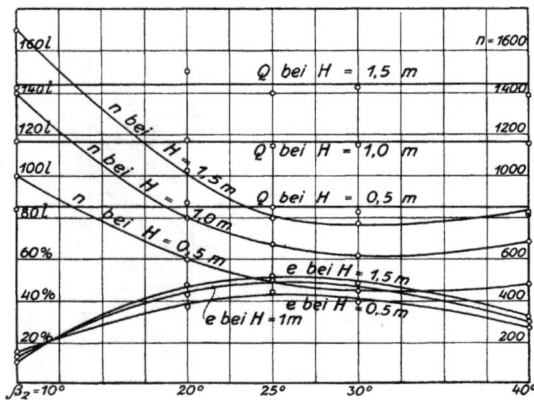

Fig. 36. Q, e und n bei verschiedenen H in Abhängigkeit von β_2 bei zugeschärften Laufradschaufeln.

gleicher Förderhöhe bei $z_2 = 3$ mehr Wasser geliefert wird als bei $z_2 = 6$. Ferner zeigt sich, daß schon von ungefähr $n = 1200$ an die n-H- und n-Q-Kurven von ihrer parabolischen bzw. geradlinigen Form abweichen, womit auch ein stärkeres Abnehmen des Wirkungsgrades als bei $z_2 = 6$ zusammenhängt, der auch hinter dem Maximum bei sechs Schaufeln zurückbleibt. Dar-

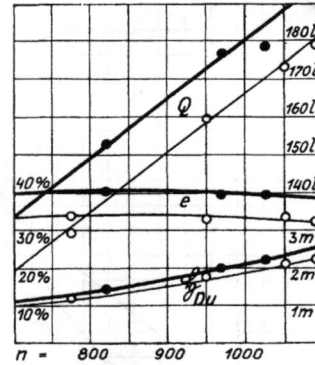

Fig. 37. Vergleich der Ergebnisse bei $\beta_2 = 30^0$ und nicht zugeschärften Schaufeln (-o-o-), mit denen bei zugeschärften Schaufeln (-•—•-) bezogen auf $\mathfrak{H}_{DU}$ als Förderhöhen.

aus folgt, daß die Schaufelzahl auf die Wirtschaftlichkeit und Wirkungsweise der Schraubenpumpe einen ziemlich großen Einfluß ausübt, den einer genaueren Untersuchung zu unterziehen sich wohl lohnt. An dieser Stelle möge aber nur auf diesen Umstand aufmerksam gemacht und festgestellt werden, daß bei

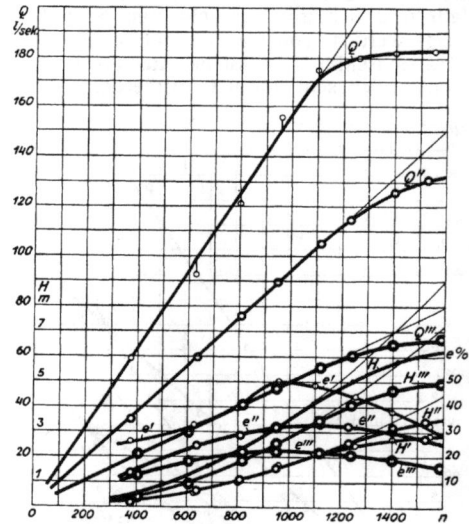

Fig. 38. Q, H und e als Funktionen von n bei zugeschärften Laufradschaufeln für $\beta_2 = 25^0$, $z_2 = 3$.

$z_2 = 6$ unsere Pumpe günstiger arbeitet als bei $z_2 = 3$. Die Bestimmung desjenigen z_2, bei welchem der beste Wirkungsgrad erzielt wird, sei einer späteren Zeit vorbehalten.

Zur Kontrolle der Wassermengenmessung und um einen Einblick in die Strömungsverhältnisse im Innern der Pumpe zu erhalten, wurden noch bei $\beta_2 = 30^0$ und $n = 1025$ Umdrehungen in der Minute an vier verschiedenen Stellen eines Querschnitts senkrecht zur Welle mit Hilfe der auf S. 14/15 beschriebenen Pitotröhre die Absolutgeschwindigkeiten bestimmt. Fig. 39 zeigt den Verlauf der „Pitotdrucke", die sich aus Druck und

Geschwindigkeitshöhe an der betreffenden Meßstelle zusammensetzen, in ihrer Abhängigkeit von dem Verdrehungswinkel der Pitotröhre. Dabei geben die Pfeile die Strömung in Richtung der Rohrachse für die Meßstellen *I, II, III* und *IV* an. Eine Abweichung von derselben im Sinne der Drehrichtung des Pumpenlaufrades ist mit + bezeichnet. Man bemerkt, daß an der dem Wellenmittel zunächst liegenden Meßstelle *I* die

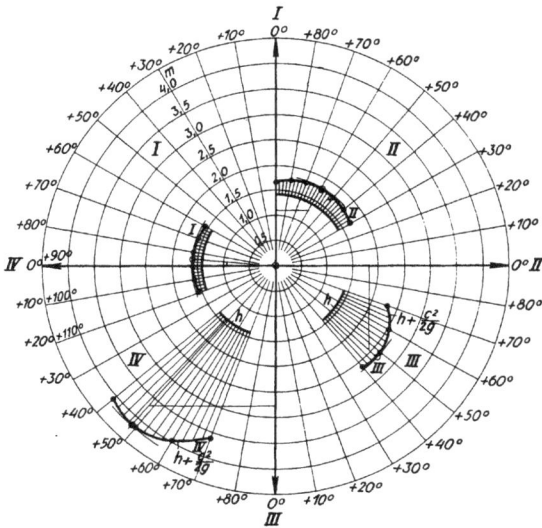

Fig. 39. Bestimmung der Strömungsrichtungen und Geschwindigkeiten im Innern der Pumpe bei $\beta_2 = 30^0$ und $z_2 = 6$, kleines Rad.

Absolutgeschwindigkeit *c* den kleinsten Wert und die größte Abweichung von der Vertikalströmung aufweist. (Im Mittel 85°.) Nach außen hin nehmen die *c* zu und ihre Winkel mit der Vertikalen ab. (Bei *IV* etwa 48°.) In Fig. 40 sind die aus Fig. 39 ermittelten Meridiankomponenten der Absolutgeschwindigkeiten in Abhängigkeit von ihren Entfernungen vom Wellenmittel aufgetragen. Gegen die Rohrwandung bzw. die Welle zu

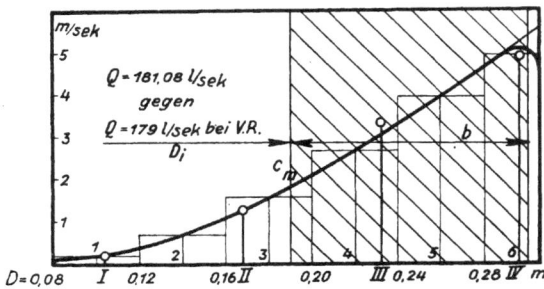

Fig. 40. Über dem Laufrad gemessener Verlauf der Axialgeschwindigkeiten im Innern der Pumpe bei $\beta_2 = 30^0$ und $z_2 = 6$, kleines Rad.

wurde die Kurve der c_m etwas abgerundet, da infolge der Reibung an der Wand die Geschwindigkeit hier abnehmen muß. Hieraus kann man nun die von der Pumpe geförderte sekundliche Wassermenge angenähert berechnen, wenn man den ganzen Querschnitt an der Meßstelle in kleinere Teile (*1* bis *6* Fig. 40) teilt und ein mittleres c_m aus Fig. 40 über den Teilquerschnitt als konstant annimmt. Die Summe aller Produkte aus Teilquerschnitt und zugehörigem mittlerem c_m ergibt dann die Fördermenge *Q* pro Sekunde. Diese Rechnung wurde in Tabelle Fig. 41 durchgeführt und ergab 181,08 l/sek gegen 179 l/sek bei der Wassermessung mittels Venturi-

röhre, ein Resultat, das an Genauigkeit nichts zu wünschen übrig läßt.

Querschnitt	1	2	3	4	5	6
$D(dm)$	1,000	1,400	1,800	2,200	2,600	2,925
$\triangle b (dm)$	0,200	0,200	0,200	0,200	0,200	0,125
$\triangle F (dm^2)$	0,628	0,880	1,130	1,380	1,630	1,145
$c_m (dm)$	2,00	7,00	15,50	26,50	39,00	48,75
$\triangle Q (l)$	1,25	6,16	17,52	36,55	63,60	56,00
$Q (l)$	—	—	181,08		—	—

Fig. 41. Tabelle zur Kontrolle der Wassermenge.

f) Versuche mit Saugleitrad bei zugeschärften Lauf- und Leitradschaufeln.

Zunächst wurde bei einem Leitradschaufelwinkel $\alpha_0 = 40^0$ gegen die Umfangsrichtung die Pumpe bei den gleichen β_2 wie unter e) untersucht. Dabei stellte sich heraus, daß die Leitschaufeln unter einem Winkel $\alpha_0 = 40^0$ eine um so größere Verschlechterung des Wirkungsgrades verursachen, je mehr β_2 zunimmt, indem

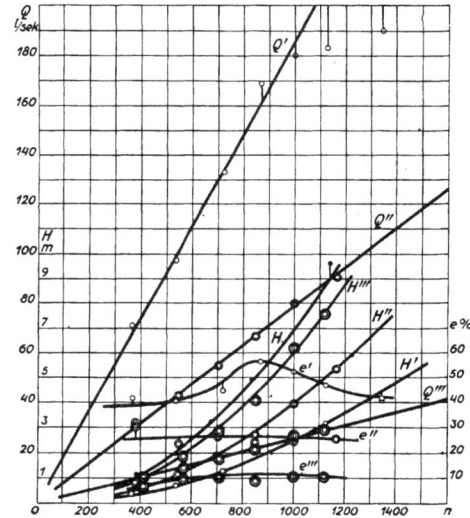

Fig. 42. *Q, H* und *e* als Funktionen von *n* bei zugeschärften Lauf- und Leitradschaufeln für $\alpha_0 = 90^0$, $\beta_2 = 30^0$, $z_2 = 6$.

bei der gleichen Umdrehungszahl des Pumpenlaufrades weniger Wasser auf dieselbe Höhe gefördert wird. Daraus folgt, daß zu jeder Winkelstellung des Laufrades ein ganz bestimmter Winkel α_0 des Leitrades gehört, wie ja auch gar nicht anders zu erwarten ist. Dieser wurde für $\beta_2 = 20^0$ und 30^0 bestimmt, zu welchem Zweck die Untersuchung noch mit $\alpha_0 = 60^0, 80^0, 90^0$ und 110^0 durchgeführt werden mußte. Es zeigte sich, daß für $\beta_2 = 20^0$ der günstigste Winkel α_0 ungefähr bei 110^0, für $\beta_2 = 30^0$ bei $\alpha_0 = 90^0$ auftrat, wobei der Wirkungsgrad gegenüber den Versuchen ohne Saugleitrad im Durchschnitt um etwa 3% erhöht wurde[1]. Der durch die Einführung des Saugleitrades mit zugeschärften Schaufeln erzielte Gewinn an Nutzeffekt ist zwar nicht bedeutend, aber immerhin beachtenswert. Es frägt sich nur, ob er ausreicht, um die Mehrkosten in der Herstellung der Pumpe wieder auszugleichen. Im übrigen änderte das Saugleitrad nichts an den bisher festgestellten Beziehungen zwischen *Q, H* und *n*.

---

[1] Die dem günstigsten Fall ($\alpha_0 = 90^0$ bei $\beta_2 = 30^0$) entsprechende Figur ist in Fig. 42 wiedergegeben.

g) Versuche mit Saug- und Druckleitrad bei zu-geschärften Lauf- und Leitradschaufeln.

Die Versuche mit Saug- und Druckleitrad wurden auf die eine Winkelstellung $\alpha_0 = 90^0$, $\beta_2 = 30^0$, $\alpha_3 = 90^0$ beschränkt. Ein Vergleich der Ergebnisse dieser Untersuchung mit denen der vorigen zeigt einen Unterschied nur in bezug auf den Wirkungsgrad, der durch die Einführung des Druckleitrades unter dem Winkel $\alpha_3 = 90^0$

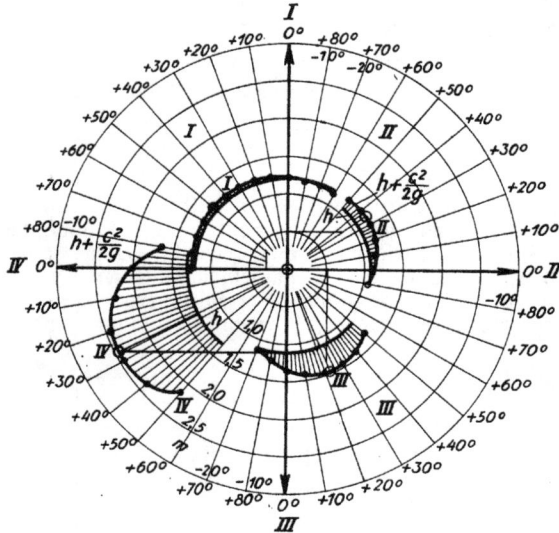

Fig. 43. Bestimmung der Strömungsrichtungen und Geschwin-digkeiten im Innern der Pumpe bei $\beta_2 = 30^0$, $\alpha_3 = 90^0$ und $z_2 = z_3 = 6$, kleines Rad.

dürchschnittlich um 10% heruntergedrückt wird. Ob an diesem Ergebnis durch Änderung des Winkels α_3 irgendetwas verbessert werden kann, müßte erst durch weitere Versuche festgestellt werden, die vorläufig aus Zeitmangel unterbleiben mußten.

h) Versuche ohne Saugleitrad mit Druckleitrad bei zugeschärften Lauf- und Leitradschaufeln.

Auch diese Untersuchungen wurden auf die des Winkels $\alpha_3 = 90^0$ gegen die Umfangsrichtung bei $\beta_2 = 30^0$ beschränkt. Es ergaben sich dieselben Zusammenhänge

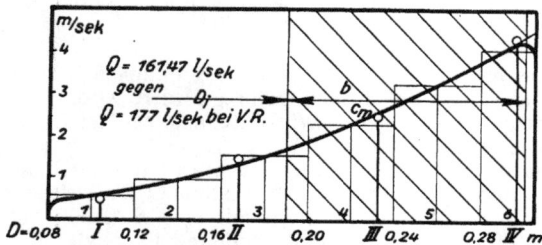

Fig. 44. Über dem Druckleitrad gemessener Verlauf der Axial-geschwindigkeiten im Innern der Pumpe bei $\beta_2 = 30^0$, $\alpha_3 = 90^0$, $z_2 = z_3 = 6$, kleines Rad.

zwischen Q, n und H wie bei den früheren Versuchen, dagegen erhöhte sich der Wirkungsgrad wieder durch den Wegfall des Saugleitrades, ohne aber den bei An-wendung eines Saugleitrades allein zu erreichen.

In Fig. 43 wurde, wie in Abschnitt e) Größe und Richtung der Absolutgeschwindigkeiten, dicht oberhalb der Druckleitradschaufeln gemessen, für die Punkte I, II, III und IV des Meßquerschnitts bestimmt, daraus die Geschwindigkeitskomponenten in Richtung der Achse c_m auf zeichnerischem Wege ermittelt und in

Fig. 44 über den Entfernungen der Meßpunkte vom Wellenmittel aufgetragen. Man bemerkt, daß die Absolut-geschwindigkeiten nicht in die Richtung der Achse fallen ($\alpha_3 = 90^0$), sondern eine stärkere Abweichung davon zeigen. Daraus folgt, daß die Bedeutung des Druckleitrades, wie schon im Abschnitt g erwähnt, erst durch weitere Versuche mit geändertem α_3 einwandfrei festgestellt werden kann. Es liegt aber der Schluß nahe, daß dabei die gleichen Resultate erzielt werden wie bei den Versuchen mit Saugleitrad, d. h. daß die Mehr-kosten der Herstellung wohl kaum durch den voraus-sichtlich praktisch unbedeutenden Gewinn an Nutz-effekt aufgewogen werden. Immerhin dürfte es sich lohnen, diese Frage näher zu untersuchen, was auch bei einer Erweiterung der vorliegenden Arbeit geschehen wird. Endlich sei noch auf die Nachrechnung der Förder-menge an Hand der Fig. 36 hingewiesen, die wieder ein befriedigendes Resultat ergab, indem $Q = 161,47$ l/sek gemessen wurden gegen $Q = 177$ l/sek mit der Ven-turiröhre.

II. Großes Laufrad. (Außendurchmesser 400 mm.)

Um den Einfluß einer ähnlichen Vergrößerung auf den Wirkungsgrad, die Förderhöhe, Fördermenge und Umdrehungszahl des Pumpenlaufrades feststellen zu

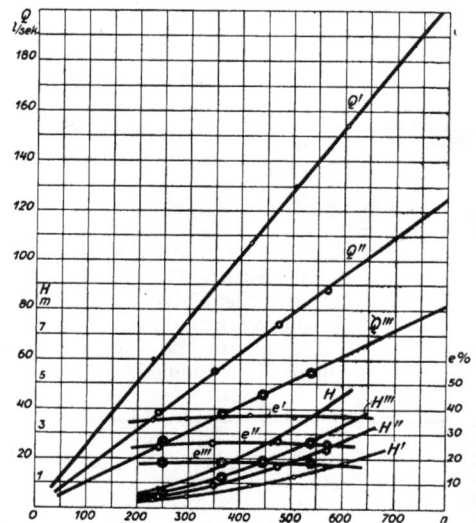

Fig. 45. Q, H und e als Funktionen von n bei zugeschärften Laufradschaufeln für $\beta_2 = 30^0$, $z_2 = 6$, großes Rad.

können, wurden auch Versuche mit einem von $^4/_3$ der Abmessungen des bisherigen Rades ausgeführt. Die Untersuchung erfolgte unter Zuhilfenahme des auf S. 9 erwähnten Ersatzstückes II mit den Gußringen R_1 und R_2 (Fig. 7) bei einer Schaufelstellung von $\beta_2 = 30^0$ und einer Schaufelzahl $z_2 = 6$ ohne Leiträder bei zu-geschärften Laufradschaufelblechen. Die Ergebnisse sind in Fig. 45 aufgezeichnet, aus welcher noch die Q-H-Kurve Fig. 46 ermittelt wurde. Der Zusammenhang zwischen Q, n und H ist natürlich wieder der gleiche wie bisher, d. h. es ist Q und n proportional der Wurzel aus H. Es frägt sich also nur noch, ob auch der Pro-portionalitätsfaktor sich dabei nicht ändert. Um dies feststellen zu können, müssen die beiden Laufräder auf eine gemeinsame Basis bezogen, d. h. die einzelnen Ver-suchsergebnisse müssen auf ein gemeinsames Gefälle und einen gemeinsamen Durchmesser bei gleichem Be-triebszustand umgerechnet werden. Als solche seien $H = 1$ m und $D = 1$ m gewählt, wodurch wir auf die im Wasserturbinenbau üblichen Einheitswassermengen $Q_I{}^1$, Einheitsdrehzahlen $n_I{}^1$ und Einheitsleistungen $N_I{}^1$ geführt werden[1]). Aus Fig. 45 ergibt sich z. B. bei $n = 400$ ein $Q = 0,103$ m³/sek, $H = 0,85$ m und $e = 0,37$. Daraus berechnet sich, da ja Q proportional $\sqrt{H}$ die Fördermenge bei 1 m Förderhöhe

$$Q_I = \frac{Q}{\sqrt{H}} = \frac{0,103}{\sqrt{0,85}} = 0,112 \text{ m}^3/\text{sek}.$$

Bei gleichem Gefälle ist nun Q eine lineare Funktion des Querschnitts F, der seinerseits unter Voraussetzung einer ähnlichen Vergrößerung bzw. Verkleinerung und gleichen Betriebszustands wieder proportional dem Quadrat des Laufraddurchmessers D ist. Also ist bei

$$D = 1 \text{ m} \quad Q_I{}^1 = \frac{Q_I}{D^2} = \frac{0,112}{(0,4)^2} = 0,7 \text{ m}^3/\text{sek}.$$

Ferner kann bei $H =$ konstant und gleicher Drosselung die Umfangsgeschwindigkeit u sich nicht ändern. Demnach muß bei ähnlichen Laufrädern $n = \dfrac{60 \cdot u}{D \cdot \pi}$, d. h. umgekehrt proportional D sein. Wir erhalten daher

$$n_I{}^1 = n_I \cdot D = \frac{n}{\sqrt{H}} \cdot D = \frac{400}{\sqrt{0,85}} \cdot 0,4 = 174.$$

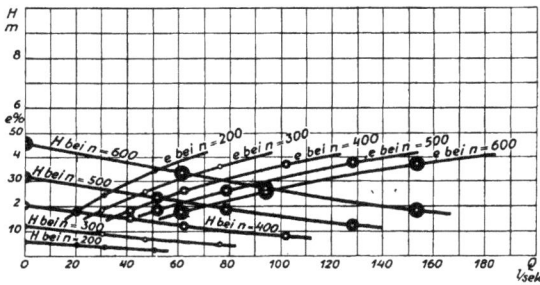

Fig. 46. Q-H-Kurven für $\beta_2 = 30^0$ bei zugeschärften Laufradschaufeln, $z_2 = 6$, großes Rad.

Endlich ist die erforderliche Leistung bei 1 m Förderhöhe

$$N_I = \frac{Q_I \cdot \gamma \cdot 1}{e \cdot 75},$$

und für $D = 1$ m $= H$ wird

$$N_I{}^1 = \frac{Q_I}{D^2} \cdot \frac{\gamma \cdot 1}{e \cdot 75} = \frac{N_I}{D_2} = \frac{0,112 \cdot 1000}{(0,4)^2 \cdot 0,37 \cdot 75} = 25,3 \text{ PS}.$$

Diesen Werten des großen Rades müßten nun bei gleichem Betriebszustand, wozu aber auch eine ähnliche Verkleinerung der Ableitung und der Venturiröhre gehören würde, genau die gleichen des kleinen Rades entsprechen, wenn die beiden Räder gleiche Proportionalitätsfaktoren in bezug auf Q, n und H ergeben sollen. Da nun aber bei der ganzen Versuchsanordnung lediglich das Laufrad mit dem Teil II geändert wurde, so kann beim kleinen Rad der gleiche Betriebszustand nur durch entsprechende Drosselung der Venturiröhre erzielt werden. Wir können also nicht einfach die aus den Versuchsergebnissen der beiden Räder berechneten Einheitsdrehzahlen, -Wassermengen und -Leistungen, z. B. bei ganz geöffneter Venturiröhre, miteinander vergleichen, sondern müssen aus den oben ermittelten Einheitswerten des großen Rades die entsprechenden Größen des kleinen Laufrades, die zu demselben Betriebszustand gehören würden, bestimmen und feststellen, ob sie sich mit den Versuchswerten decken. Aus $n_I{}^1 = n_I \cdot D = 174$ ergibt sich für $D = 0,3$ m ein $n_I = \dfrac{n}{\sqrt{H}} = 580$. Bei $H = 0,85$ m

---
[1]) Vgl. „Vorlesungen über Wasserkraftmaschinen" von Prof. Dr. Camerer, Verlag von W. Engelmann, Leipzig 1914, S. 293.

wird dann $n = 580 \cdot \sqrt{0,85} = 535$, und $Q_I = Q_I{}^1 \cdot D^2 = 0,7 \cdot 0,3^2 = 0,063$ m³/sek $= \dfrac{Q}{\sqrt{H}}$. Daraus folgt $Q = 0,063 \cdot \sqrt{0,85} = 0,058$ m³/sek. Sucht man nun in Fig. 34 bei $n = 535$ durch Interpolation zwischen $n = 400$ und 600 zu $H = 0,85$ das zugehörige Q, so wird man tatsächlich eine Fördermenge von 0,058 m³/sek finden mit einem e von rd. 32%. Genauer wird dies Ergebnis noch, wenn von vornherein ein solches n des großen Rades gewählt wird, für welches in Fig. 34 die Q-H-Kurve des kleinen aufgezeichnet ist, was sich aus der Bedingung $n \cdot D =$ konstant leicht errechnen läßt. So ist z. B. $300 \cdot 0,4 = 120 = 400 \cdot 0,3$ oder $600 \cdot 0,4 = 240 = 800 \cdot 0.3$, d. h. wenn bei $n = 300$ bzw. 600 des großen Rades die Einheitswerte bestimmt werden, dann müssen sich beim gleichen Gefälle die aus ihnen ermittelten Werte des kleinen Rades bei $n = 400$ bzw. 800 ergeben, für welche aber die Q-H-Kurven vorhanden sind. So wird mit $n = 300$, $H = 0,5$ m; $Q = 0,775$ m³/sek und $e = 0,36$ für $D = 0,4$ m aus Fig. 45

$$n_I{}^1 = \frac{n}{\sqrt{H}} \cdot D = \frac{300}{\sqrt{0,5}} \cdot 0,4 = 170$$

und

$$Q_I{}^1 = \frac{Q_I}{D^2} = \frac{Q}{\sqrt{H} \cdot D^2} = \frac{0,775}{\sqrt{0,5} \cdot (0,4)^2} = 0,0685 \text{ m}^3/\text{sek}.$$

Daraus folgt bei $D = 0,3$ m und $H = 0,5$ m ein $n = \dfrac{170 \cdot \sqrt{0,5}}{0,3} = 400$ bzw. $Q = 0,0685 \cdot \sqrt{0,5} \cdot (0,3)^2 = 0,0435$ m³/sek. Ein Vergleich mit Fig. 34, worin zu $H = 0,5$ m bei $n = 400$ tatsächlich ein $Q = 0,043$ m³/sek mit $e = 0,30$ gehört, bestätigt, daß beim ähnlich vergrößerten Rad genau wie bei den Turbinen dieselbe Proportionalität besteht zwischen Q, n und $\sqrt{H}$ wie beim kleinen Laufrad, und daß auch bei der Schraubenpumpe der Wirkungsgrad mit der Vergrößerung zu-

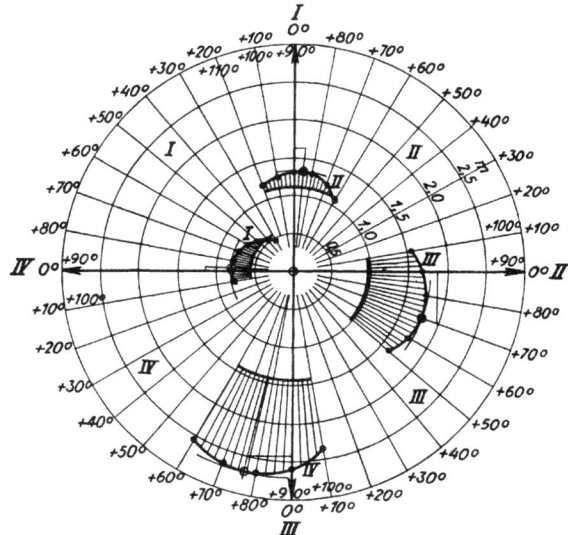

Fig. 47. Bestimmnng der Strömungsrichtungen und Geschwindigkeiten im Innern der Pumpe bei $\beta_2 = 30^0$, $z_2 = 6$, großes Rad.

nimmt (36% gegen 32%). Führen wir noch den Vergleich bei $n = 800$ des kleinen Rades durch, zu welchem $H = 1,9$ m, $Q = 0,0825$ m³/sek und $e = 0,34$ bei etwas gedrosselter Venturiröhre gehört (Fig. 33), so muß mit

$$n_I{}^1 = n_I \cdot D = \frac{n}{\sqrt{H}} \cdot D = \frac{800}{\sqrt{1,9}} \cdot 0,3 = 174$$

und

$$Q_I{}^1 = \frac{Q_I}{D^2} = \frac{Q}{\sqrt{H} \cdot D^2} = \frac{0,0825}{\sqrt{1,9} \cdot (0,3)^2} = 0,665 \text{ m}^3/\text{sek}$$

beim großen Rad für $H = 1,9$ ein

$$n = \frac{174 \cdot \sqrt{H}}{D} = \frac{174}{0,4} \cdot \sqrt{1,9} = 600$$

und

$$Q = 0,665 \cdot \sqrt{H} \cdot D^2 = 0,1465 \text{ m}^3/\text{sek}$$

sich ergeben, was durch die Versuchsergebnisse nach Fig. 46 wieder bestätigt wird, wobei der Wirkungsgrad 36% gegen 34% beim kleinen Rad beträgt. Damit dürfte aber die zu Beginn dieses Abschnittes gestellte Frage einwandfrei gelöst sein.

Zum Schluß wurden auch noch beim großen Laufrad die Absolutgeschwindigkeiten über demselben an vier Punkten des Meßquerschnitts nach Größe und Richtung bestimmt. In Fig. 47 sind die Versuchsergebnisse wieder-

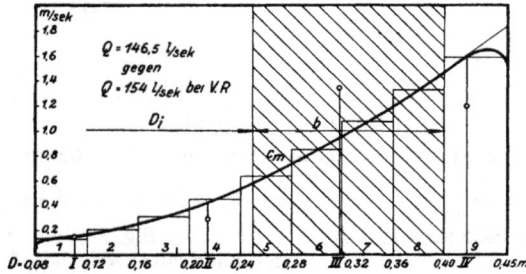

Fig. 48. Über dem Laufrad gemessener Verlauf der Axialgeschwindigkeiten im Innern der Pumpe bei $\beta_2 = 30^0$, $z_2 = 6$, großes Rad.

gegeben, aus denen die Axialkomponenten der Absolutgeschwindigkeiten c_m ermittelt und in Fig. 48 über den Entfernungen der Meßpunkte vom Wellenmittel aufgetragen wurden. Hieraus wurde wieder die Fördermenge, wie auf S. 21 beschrieben, ermittelt, die eine gute Übereinstimmung mit der durch die Venturiröhre gemessenen zeigt (146,5 l/sek gegen 154 l/sek).

E. Theoretische Betrachtungen.

Nachdem sich bei sämtlichen Versuchen gezeigt hat, daß der Zusammenhang zwischen Fördermenge, Förderhöhe und minutlicher Drehzahl der gleiche ist wie bei den Zentripetalturbinen bzw. Schleuderpumpen, so liegt der Schluß nahe, daß die Hauptgleichung der Turbinentheorie in der für Zentrifugalpumpen geltenden Form[1]):

$$\frac{2gH}{E} = u_2{}^2 + c_2{}^2 - w_2{}^2 - u_1{}^2 - c_1{}^2 + w_1{}^2$$

sich auch auf die Schraubenpumpen anwenden läßt. Ihre zeichnerische Darstellung[2]) gibt Fig. 49, aus welcher sich noch die durch die einheitlichen Bezeichnungen im Turbinenbau[3]) festgelegten Größen ergeben, die auch schon zu Beginn der vorliegenden Arbeit erläutert wurden. Beachtet man nun, daß für die untersuchte Pumpengattung wegen der ebenen Laufradschaufeln die Winkel β_1 und β_2 einander gleich sind, wenn das Wasser sich relativ zum Schaufelblech unter den durch dieses vorgeschriebenen Winkeln mit der Umfangsrichtung bewegt, daß ferner während des Wasserdurchgangs durch das Laufrad gleichbleibender Querschnitt und Beharrungszustand vorhanden ist, wes-

wegen auch $c_{m_1} = c_{m_2}$ werden muß (Fig. 49), und endlich, daß $u_1 = u_2$ zu setzen ist, da kein Grund vorliegt zu einer nicht auf Zylinderflächen sich abspielenden Bewegung der einzelnen Wasserteilchen, so folgt aus Fig. 49 auch noch die Gleichheit von w_1 und w_2, sowie von c_1 und c_2. Damit wird aber in obiger Hauptgleichung $\frac{2gH}{E} = 0$, und im Diagramm Fig. 49 müßte Punkt C mit d zusammenfallen, weil die Strecke Cd die $\sqrt{\frac{2gH}{E}}$ darstellt, d. h. die Förderhöhe H würde zu Null werden. Nun hat aber die experimentelle Untersuchung gezeigt, daß sogar auf eine ganz beträchtliche Höhe gefördert werden kann. Daraus folgt die Hinfälligkeit der Gleichsetzung von β_1 und β_2, denn $u_1 = u_2$ und $c_{m_1} = c_{m_2}$ müssen aus den angegebenen Gründen unbedingt erfüllt sein. Es werden also gewissermaßen durch Stau-

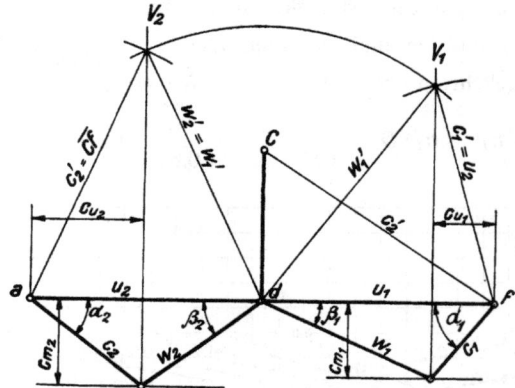

Fig. 49. Pumpendiagramm.

körper aus Wasser die ebenen Schaufelbleche in gewölbte umgewandelt, welche die erforderliche Umlenkung vom Winkel β_1 am Laufradeintritt auf den Austrittswinkel β_2 herbeiführen. Eine ähnliche Erscheinung ist auch von der Nachrechnung ausgeführter Turbinenlaufräder her bekannt, wo bei Anwendung der Hauptgleichung meistens andere Winkel β_1 gefunden werden als die, unter welchen das Schaufelblech am Eintritt zur Richtung der Umfangsgeschwindigkeit geneigt ist. Um nun diese Winkel β_1 und β_2 an Hand der Versuchsergebnisse mit Hilfe der Hauptgleichung ermitteln zu können, müssen zunächst ihre einzelnen Summanden einer näheren Betrachtung unterzogen werden. Aus den Fig. 25 und 28 geht hervor, daß der über dem Außendurchmesser des Laufrades erzeugte Druck ein höherer ist als an der Nabe. Auf S. 11 wurde aber die Förderhöhe H der Pumpe festgesetzt als Summe aus Lagendruck und Geschwindigkeitshöhe an der Meßstelle Dr des Drosselklappengehäuses VIII (Fig. 1), was einem Mittelwert entspricht. Nimmt man nun an, daß diese gemessene Förderhöhe dem arithmetischen Mittel aus dem Druck über dem Außendurchmesser (D_a) und Innendurchmesser (D_i) gleichgesetzt werden darf, und daß diese Pressungen ihrerseits wieder proportional dem Quadrat der entsprechenden Umfangsgeschwindigkeiten ($u_a{}^2$ und $u_i{}^2$) sein sollen, so würde die dem Diagramm zugrunde zu legende mittlere Umfangsgeschwindigkeit $u = u_1 = u_2$ auf einem Durchmesser $D_m{}'$ zu finden sein, der sich wie folgt berechnet. Nach der eben gemachten Annahme wird

$$H = k \cdot u^2 = k \cdot \frac{u_a{}^2 + u_i{}^2}{2}.$$

An Stelle von u darf aber $D_m{}' \cdot \pi \cdot \frac{n}{60}$ treten, ebenso wie

[1]) Z. g. T. 1915, S. 411.
[2]) Vgl. Camerer, „Vorlesungen über Wasserkraftmaschinen". S. 260 ff. bzw. 267.
[3]) Z. g. T. 1906, S. 393 und Z. d. V. d. I. 1906, S. 1993 ff

sich u_a bzw. u_i durch $D_a \cdot \pi \cdot \dfrac{n}{60}$ und $D_i \cdot \pi \cdot \dfrac{n}{60}$ ausdrücken läßt. Damit wird

$$(D_m')^2 = \frac{D_a^2 + D_i^2}{2}$$

und

$$D_m' = \sqrt{\frac{D_a^2 + D_i^2}{2}} \;[1]).$$

Beim Versuchslaufrad war nun $D_a = D = 0{,}3$ m und $D_i = 0{,}19$ m. Mit diesen Werten würde sich D_m' zu rd. 0,25 m berechnen, während das arithmetische Mittel D_m aus D_a und D_i nur 0,245 m beträgt. Dieser geringe Unterschied zwischen D_m' und D_m von nur 5 mm gibt der Einführung des letzteren, bzw. des ihm entsprechenden $u = u_1 = u_2$ in die Hauptgleichung Berechtigung, zumal ja zur Bestimmung des Mittelwertes von $c_m = c_{m_1} = c_{m_2}$ (Fig. 49) aus den bei den Versuchen gemessenen Fördermenge Q und dem in Richtung des c_m vorhandenen freien Durchflußquerschnitt F, die Größe von F mit Hilfe von D_m berechnet wird, indem $F = D_m \cdot \pi \cdot b$ gesetzt werden kann. Für

$$c_{m_1} = c_{m_2} = \frac{Q}{F}$$

werde dabei die Annahme gemacht, daß es ebenfalls auf dem Durchmesser D_m in der Größe $\dfrac{Q}{F}$ zu finden ist. In Wirklichkeit sind ja die c_m über den ganzen Querschnitt F verschieden und nehmen von innen nach außen ungefähr linear mit der Entfernung vom Wellenmittel zu, wie aus den Fig. 40, 44 und 48 hervorgeht. Man könnte

werden, wenn eine der beiden Größen c_{u_1} bzw. c_{u_2} und damit die Lage einer der Vertikalen V_1 bzw. V_2 bekannt ist. $c_{u_1} = 0$ zu setzen, liegt nahe, da das Wasser ohne Drall in das Saugrohr eintritt. Dazu wurde bei den Versuchen mit Saugleitrad bei zugeschärften Lauf- und Leitradschaufeln (S. 21) für $\beta_2 = 20^0$ und 30^0 der beste Wirkungsgrad festgestellt, wenn die Leitradschaufeln unter einem Winkel $\alpha_0 = 110^0$ bzw. 90^0 zur Richtung der Umfangsgeschwindigkeit geneigt waren. Daraus und aus dem Umstand, daß der hierbei erzielte Nutzeffekt sich von dem bei Weglassung des Saugleitrades gefundenen kaum unterschied, folgt, daß das Wasser angenähert senkrecht zur Umfangsrichtung dem Laufrad zufließt ($\alpha_0 = \alpha_1 = 90^0$), welche Annahme ja im allgemeinen auch bei den Zentrifugalpumpen gemacht wird. Damit ist aber die Lage der Eintrittsvertikalen V_1 bzw. die Größe von c_{u_1} gegeben, welch letztere für $\alpha_1 = 90^0$ zu Null wird, und mit ihr ergibt sich dann c_{u_2} bzw. die Austrittsvertikale V_2, sowie die bisher noch unbekannten c_1, c_2, w_1, w_2, β_1 und β_2, die mit Hilfe der vom Verfasser erdachten Diagrammanwendung[1]) leicht auf zeichnerischem Wege bestimmt werden können. In bezug auf die letztere ist noch zu bemerken, daß für Pumpen an Stelle der Wahl von $c_2' = u_1$ und $w_1' = w_2'$, wodurch bei den Turbinen $(c_1')^2 = 2gH\varepsilon + u_2^2$ bzw. $c_1' = \overline{Cf}$ wird[1]), die Gleichsetzung von $c_1' = u_2$ und $w_2' = w_1'$ tritt, was auf

$$(c_2')^2 = \frac{2gH}{E} + u_1^2$$

führt oder $c_2' = \overline{Cf}$ ergibt (Fig. 49); d. h. es kann genau der gleiche Konstruktionsgang für das Pumpen-

Tabelle zur Diagrammdarstellung einzelner Versuche.

β_2	Q	H	n	e	F	c_m	u_m	$\dfrac{Q}{\sqrt{2gH}}$	$\dfrac{n}{\sqrt{2gH}}$	$\dfrac{c_m}{\sqrt{2gH}}$	$\dfrac{u_m}{\sqrt{2gH}}$	$\sqrt{\dfrac{1}{e}}$	$\sqrt{2gH}$
10^0, $z_2 = 6$	0,1115	0,925	1325	0,162		2,64	16,95	0,0262	312	0,62	3,98	2,49	4,26
20^0, $z_2 = 6$	0,183	3,04	1225	0,517	$F = D \cdot \pi \cdot b$	4,32	15,7	0,0237	159	0,56	2,03	1,39	7,73
25^0, $z_2 = 6$	0,1815	2,962	1080	0,55	$= 0{,}245 \cdot \pi \cdot 0{,}055$	4,28	13,83	0,0239	142	0,56	1,82	1,35	7,63
30^0, $z_2 = 6$	0,1765	2,434	970	0,49	$= 0{,}0423$ m²	4,17	12,4	0,0256	140	0,605	1,795	1,43	6,92
40^0, $z_2 = 6$	0,180	2,335	960	0,385		4,25	12,3	0,0266	142	0,628	1,82	1,615	6,77
25^0, $z_2 = 3$	0,1555	1,685	960	0,502		3,67	12,3	0,0271	167	0,64	2,16	1,41	5,75

Fig. 50. Versuchswerte.

daher auch die Pumpendiagramme nach Fig. 49 für verschiedene Durchmesser mit den diesen entsprechenden Umfangs- und Meridiangeschwindigkeiten zeichnen, würde dabei aber unter Voraussetzung gleichen hydraulischen Wirkungsgrades E für alle Zylinderflächen vom Durchmesser D_i bis D_a auf Förderhöhen H bzw. Strecken $(Cd)^2$ kommen, die mit dem Quadrat von $u_1 = u = u_2$ zunehmen. Die Praxis verlangt aber eine bestimmte Förderhöhe, entsprechend der bei den experimentellen Untersuchungen gemessenen, weshalb die Diagrammdarstellung der Hauptgleichung zweckmäßig mit den für den Durchmesser D_m geltenden Werten für u und c_m durchgeführt wird. Bezüglich des hydraulischen Wirkungsgrades E ist noch zu bemerken, daß derselbe zur Sicherheit dem bei den Versuchen gefundenen Gesamtwirkungsgrad e gleichgesetzt werden möge, weil dieser ja stets kleiner ausfallen muß als jener. Die übrigen Summanden der Hauptgleichung c_1^2, c_2^2, w_1^2 und w_2^2 können mit Hilfe der bisher besprochenen Größen unter Berücksichtigung der zweiten Form der Hauptgleichung

$$\frac{gH}{E} = u_2 \cdot c_{u_2} - u_1 \cdot c_{u_1} \quad \text{(vgl. Fig. 49) leicht ermittelt}$$

diagramm beibehalten werden wie für das Turbinendiagramm, wenn bei ersterem das Eintrittsdreieck auf die Seite des Austrittsdreiecks gezeichnet wird und umgekehrt.

Nach den obigen Voraussetzungen wurden in den Fig. 51 bis 56 die Diagramme an Hand der in Tabelle Fig. 50 angegebenen Versuchswerte für Schaufelwinkel β_2 von 10^0 bis 40^0 bei einer Schaufelzahl $z_2 = 6$ und außerdem für $\beta_2 = 25^0$ bei $z_2 = 3$ aufgezeichnet, bezogen auf eine Förderhöhe $H = \dfrac{1}{2g}$. Man erkennt daraus, daß das Wasser kurz nach seinem Eintritt ins Laufrad eine Relativgeschwindigkeit besitzt, die unter einem kleineren Winkel zur Umfangsrichtung geneigt ist als das Schaufelblech, die aber beim Austritt nahezu die Richtung des letzteren annimmt. Wenn diese Richtungsänderung auch gering ist, so genügt sie doch, um die erforderliche Förderhöhe zu erzeugen und macht die Anwendung der untersuchten Pumpengattung bei niedrigen Förderhöhen begreiflich. Daß dabei die Austrittsrichtung nicht vollständig mit dem Schaufelwinkel übereinstimmt, ist bei der kurzen Erstreckung der Lauf-

---

[1]) Das führt bemerkenswerterweise auf das gleiche D_m', wie auf S. 7, wo D_m' mit Hilfe gleicher Flächen bestimmt wurde.

[1]) Z. g. T. 1913, S. 561 ff. bzw. Fig. 6.

radschaufeln leicht verständlich. Dazu sei daran erinnert, daß die Fig. 51 bis 56 nur Diagramme für die mittleren Umfangsgeschwindigkeiten bieten, und daß es nicht schwer fallen wird, denjenigen Durchmesser zu bestimmen, bei dem die Übereinstimmung von β_2 mit β_2' eine vollständige wäre.

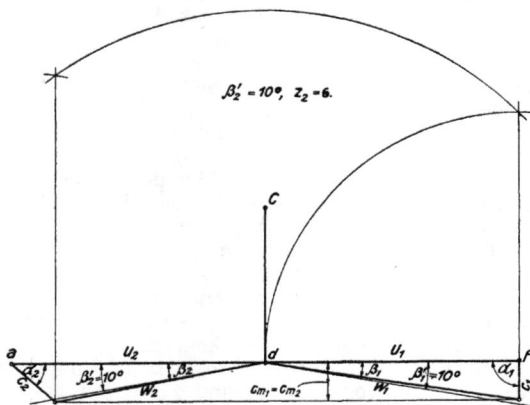

einer Schaufelzahl $z_2 = 6$ ergeben. Betrachtet man nun die dieser Versuchsreihe entsprechenden Q-H-Kurven Fig. 32, so zeigt sich, daß die Wirkungsgradkurven ihr Maximum noch nicht erreicht haben. Dieses kann allerdings nicht mehr weit von dem bei den experimentellen Untersuchungen ermittelten Höchstwert ent-

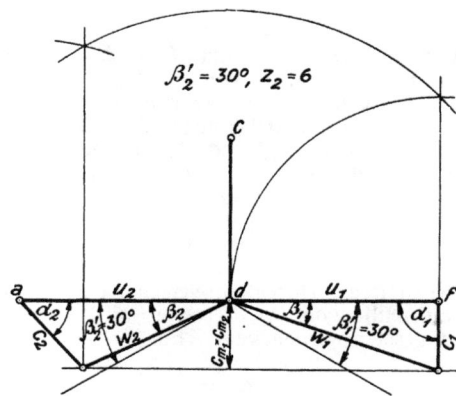

Fig. 51. Diagramm für $\beta_2' = 10^0$, $z_2 = 6$.

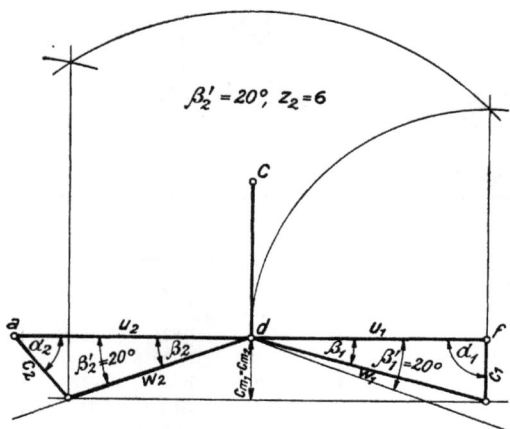

Fig. 52. Diagramm für $\beta_2' = 20^0$, $z_2 = 6$.

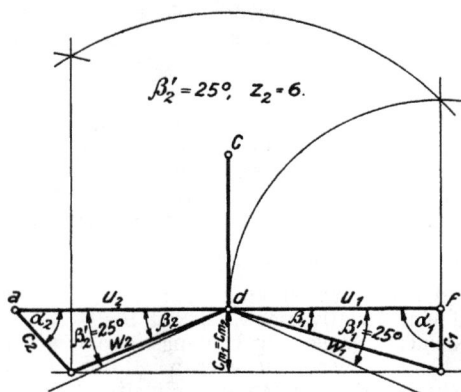

Fig. 53. Diagramm für $\beta_2' = 25^0$, $z_2 = 6$.

Fig. 54. Diagramm für $\beta_2' = 30^0$, $z_2 = 6$.

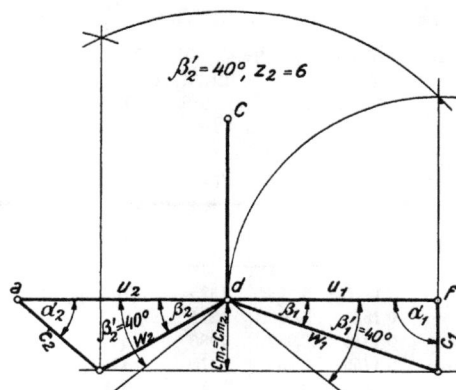

Fig. 55. Diagramm für $\beta_2' = 40^0$, $z_2 = 6$.

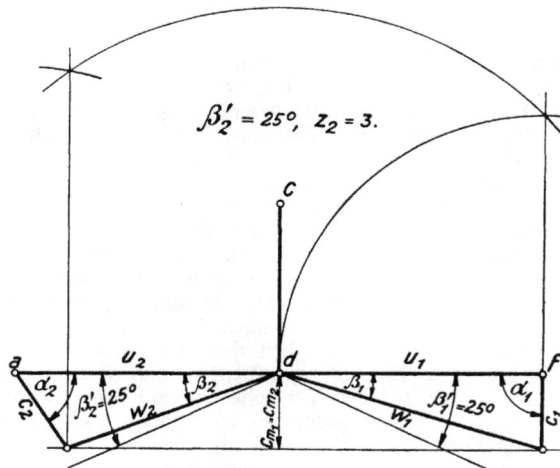

Fig. 56. Diagramm für $\beta_2' = 25^0$, $z_2 = 3$.

F. Berechnung der Laufraddimensionen.

Die vorausgegangenen Betrachtungen gestalten die Neuberechnung einer Schraubenpumpe sehr einfach. Der beste Wirkungsgrad des Versuchslaufrades hatte sich bei einem Laufradschaufelwinkel $\beta_2 = 25^0$ und

fernt sein. Deshalb dürften wohl keine Bedenken gegen eine Verwendung des für $\beta_2 = 25^0$ bei $z_2 = 6$ geltenden Diagramms Fig. 53 zur Neuberechnung der Laufraddimensionen einer Schraubenpumpe bestehen. Sollen

z. B. $Q = 0,5$ m³/sek auf $H = 2,5$ m gefördert werden, so kann, solange keine Vorschriften über die minutliche Drehzahl der Pumpenwelle gemacht werden, eine direkte proportionale Vergrößerung des Versuchslaufrades mit $\beta_2 = 25^0$ und $z_2 = 6$ ausgeführt werden, nachdem ja auf S. 22 bis 24 gezeigt wurde, daß für eine solche die gleichen Gesetze gelten wie bei den Wasserturbinen. Zu diesem Zweck hat man nur im Diagramm Fig. 53, das ja für $H = \frac{1}{2} g$ gezeichnet wurde, die einzelnen Seiten mit $\sqrt{2gH} = \sqrt{2 g \cdot 2,5} = 7$ zu multiplizieren. Aus dem so erhaltenen

$$c_{m_1} = 0,56 \cdot 7 = 3,92 \text{ m} = \frac{Q}{F} = \frac{0,5}{D_m \cdot \pi \cdot b}$$

folgt mit dem beim Versuchslaufrad vorhandenen Verhältnis $\frac{b}{D_m} = \frac{55}{245}$ der mittlere Durchmesser des neuen Rades zu

$$D_m = \sqrt{\frac{0,5 \cdot 245}{3,92 \cdot \pi \cdot 55}} = 0,425 \text{ m},$$

die dazugehörige Breite

$$b = \frac{55 \cdot 425}{245} = 95 \text{ mm},$$

der Außendurchmesser

$$D_a = D = D_m + b = 425 + 95 = 0,52 \text{ m},$$

der Nabendurchmesser

$$D_i = D_m - b = 425 - 95 = 0,33 \text{ m},$$

und die erforderliche Drehzahl

$$n = \frac{60 \cdot u}{D_m \cdot \pi} = \frac{60 \cdot 1,82 \cdot 7}{0,425 \cdot \pi} \cong 575.$$

Zu dem gleichen Resultat gelangt man auch, wenn man die Laufraddimensionen des Versuchsrades selbst proportional vergrößert mit Hilfe seiner Einheitsfördermenge

$$Q_I{}^1 = \frac{Q}{D^2 \cdot \sqrt{H}}$$

und seiner Einheitsdrehzahl

$$n_I{}^1 = n \cdot \frac{D}{\sqrt{H}} {}^1).$$

Die beiden letzteren Größen berechnen sich an Hand der in Tabelle Fig. 50 bei $\beta_2 = 25^0$ und $z_2 = 6$ angegebenen Versuchswerte zu

$$Q_I{}^1 = \frac{Q}{D^2 \cdot \sqrt{H}} = \frac{0,1815}{0,3^2 \cdot \sqrt{2,962}} = 1,17 \text{ m}^3/\text{sek}$$

und

$$n_I{}^1 = n \cdot \frac{D}{\sqrt{H}} = \frac{1080 \cdot 0,3}{\sqrt{2,962}} = 188.$$

Damit wird

$$D = D_a = \sqrt{\frac{Q}{Q_I{}^1 \cdot \sqrt{H}}} = \sqrt{\frac{0,5}{1,17 \cdot \sqrt{2,5}}} = 0,52 \text{ m}$$

und

$$n = \frac{n_I{}^1 \cdot \sqrt{H}}{D} = \frac{188 \cdot \sqrt{2,5}}{0,52} \cong 575,$$

ferner ergibt sich

$$b = \left(\frac{b}{D}\right) \cdot D = \frac{0,055}{0,300} \cdot 0,52 = 0,095,$$

wobei $\left(\frac{b}{D}\right)$ dem Versuchslaufrad entnommen ist. Die erforderliche Leistung N_i des Antriebsmotors beträgt

unter der Annahme, daß der Gesamtwirkungsgrad der Pumpe sich bei einer proportionalen Vergrößerung nicht ändert,

$$N_i = \frac{Q \cdot \gamma \cdot H}{75 \cdot e} \text{ PS}$$

(γ = spezifisches Gewicht der zu hebenden Flüssigkeit). Zur Sicherheit werde e bei der Berechnung der Motorleistung zu 0,5 angenommen statt 0,55 bei den Versuchen, womit

$$N_i = \frac{Q \cdot \gamma \cdot H}{75 \cdot e} = \frac{0,5 \cdot 1000 \cdot 2,5}{75 \cdot 0,5} = 33,4 \text{ PS}$$

wird. Nun lehrt aber die Erfahrung bei Wasserturbinen, daß bei ähnlicher Vergrößerung der Wirkungsgrad zunimmt, welche Tatsache auch bei den Versuchen mit dem vergrößerten Laufrad unserer Schraubenpumpe bestätigt wurde. Daher könnten bei der Bestimmung der Motorleistung die in den „Vorlesungen über Wasserkraftmaschinen" von Professor Dr. Rudolf Camerer, Verlag von W. Engelmann in Leipzig, 1914, S. 303 u. 304 abgeleiteten Berechnungsformeln:

$$e = 1 - (1 - e') \cdot \frac{0,12 + \dfrac{\mathfrak{F}}{\sqrt{\left(\dfrac{f_2}{U_2 \cdot D}\right) \cdot D}}}{0,12 + \dfrac{\mathfrak{F}'}{\sqrt{\left(\dfrac{f_2}{U_2 \cdot D}\right) \cdot D'}}},$$

$$n' = n \cdot \sqrt{\frac{e'}{e}},$$

$$Q' = Q \cdot \sqrt{\frac{e'}{e}},$$

$$N' = N \cdot \frac{e'}{e} \cdot \sqrt{\frac{e'}{e}}$$

Verwendung finden. Für Pumpen, wo in der Hauptgleichung e im Nenner vorkommt, lauten diese Gleichungen:

$$\frac{1}{e} = 1 - \left(1 - \frac{1}{e'}\right) \cdot \frac{0,12 + \dfrac{\mathfrak{F}}{\sqrt{\left(\dfrac{f_2}{U_2 \cdot D}\right) D}}}{0,12 + \dfrac{\mathfrak{F}'}{\sqrt{\left(\dfrac{f_2}{U_2 \cdot D}\right) \cdot D'}}},$$

$$n = n' \cdot \sqrt{\frac{e'}{e}}, \quad Q = Q' \cdot \sqrt{\frac{e'}{e}} \quad \text{und} \quad N = N' \cdot \frac{e'}{e} \sqrt{\frac{e'}{e}}.$$

Darin ist e' der beim Versuchslaufrad vom Außendurchmesser D' ermittelte Nutzeffekt, welcher in unserem Falle als $e' = 0,5$ angenommen wurde. Die Rauheitszahl $\mathfrak{F}$ und $\mathfrak{F}'$ werde für die Versuchspumpe zu $\mathfrak{F} = \mathfrak{F}' = 0,015$ gewählt. Der hydraulische Einheitsradius $\dfrac{f_2}{U_2 \cdot D}$ berechnet sich für das Versuchslaufrad von $D = 0,3$ m bei $\beta_2 = 25^0$, $z_2 = 6$ und $b = 55$ mm mit $f_2 = b \cdot \dfrac{D_m \cdot \pi}{z_2} \cdot \sin \beta_2$ und $U_2 = 2b + 2 \cdot \dfrac{D_m \cdot \pi}{z_2} \cdot \sin \beta_2$ zu $\dfrac{f_2}{U_2 \cdot D} = 0,0455$, wodurch

$$\frac{1}{e} = 1 - \left(1 - \frac{1}{e'}\right) \cdot \frac{0,12 + \dfrac{0,015}{\sqrt{0,0455 \cdot D}}}{0,12 + \dfrac{0,015}{\sqrt{0,0455 \ D'}}}$$

wird.

Mit $D = 0,52$ würde sich demnach ergeben:

$$\frac{1}{e} = 1 - \left(1 - \frac{1}{0,5}\right) \cdot \frac{0,12 + \dfrac{0,015}{\sqrt{0,0455 \cdot 0,52}}}{0,12 + \dfrac{0,015}{\sqrt{0,0455 \cdot 0,3}}} = 1,877,$$

und $e = 0,535$, wodurch N_i sich auf $33,4 \cdot \dfrac{0,5}{0,535}$ $= 31,2$ PS erniedrigt[1]). Rechnet man noch den Wirkungsgrad für eine ähnliche Vergrößerung des Versuchslaufrads auf den Durchmesser $D = D_a = 1,8$ m der in der Einleitung erwähnten Schraubenpumpe der Maschinenfabrik Augsburg-Nürnberg nach obiger Formel aus, so würde sich mit $e' = 0,55$ und $e' = 0,5$ ein Gesamtwirkungsgrad $e = 0,64$ bzw. $e = 0,59$ ergeben. Daraus erkennt man, daß bei stärkerer Vergrößerung des Nutzeffekt nicht unbedeutend zunimmt. Beachtet man weiter, daß bei $D = 1,8$ m und $e = 0,55$ das Laufrad auf dieselbe Förderhöhe $H = 1,55$ m wie die eben angeführte Schraubenpumpe eine Wassermenge

$$Q = D^2 \cdot Q_I{}^1 \cdot \sqrt{H} = 1,8^2 \cdot 1,17 \cdot \sqrt{1,55} = 4,72 \text{ m}^3/\text{sek}$$

liefert, so wird die entsprechende Motorleistung mit

$$e = 0,5 \qquad N_i = \frac{4,72 \cdot 1000 \cdot 1,55}{75 \cdot 0,5} = 195,5 \text{ PS},$$

mit dem umgerechneten $e = 0,59$ dagegen nur $N_i = 165,5$ PS, d. h. etwa 84% der ersteren. Dieser Unterschied verdient schon Beachtung, und es wäre daher sehr erwünscht, die Gültigkeit der obigen Umrechnungsformel für den Wirkungsgrad an Hand von einigen Vergrößerungen des Versuchslaufrades prüfen zu können.

Bei den bisherigen Berechnungen war für die minutliche Drehzahl der Pumpe keine Einschränkung vorhanden, sie konnte vielmehr entsprechend der Vergrößerung des als Serienrad gedachten Versuchslaufrades bestimmt werden. Soll aber z. B. ein vorhandener Motor zum direkten Antrieb der Pumpe Verwendung finden, wodurch die Drehzahl der Pumpenwelle einen bestimmten Wert bekäme, so könnte die Dimensionierung des Laufrades auch noch mit Hilfe des Diagramms Fig. 53 geschehen, aber die Breite b müßte jetzt eigens errechnet werden, wie aus folgendem Beispiel leicht zu ersehen ist. Die Fördermenge Q sei wieder $0,5$ m³/sek und die Förderhöhe $H = 2,5$ m; dagegen soll die Umdrehungszahl der Pumpe in einer Minute $n = 800$ betragen. Aus dem Diagramm folgt

$$u_1 = 1,82 \cdot \sqrt{2gH} = 1,82 \cdot 7 = 12,74 \text{ m/sek} = \frac{D_m \cdot \pi \cdot n}{60}.$$

Daraus ergibt sich bei $n = 800$ ein

$$D_m = \frac{60 \cdot 12,74}{\pi \cdot 800} = 0,305 \text{ m}.$$

---

[1]) Dabei würde aber im besten Betriebszustand weniger geleistet, denn mit dem neuen, geringeren Reibungsverlust ergibt sich

$$n \text{ zu } n = n' \cdot \sqrt{\frac{e'}{e}} = 575 \cdot \sqrt{\frac{0,5}{0,535}} = 555,$$

$$Q \text{ zu } Q = Q' \cdot \sqrt{\frac{e'}{e}} = 0,5 \cdot \sqrt{\frac{0,5}{0,535}} = 0,483 \text{ m}^3/\text{sek},$$

$$N_i \text{ zu } N_i = N_i' \cdot \frac{e'}{e} \cdot \sqrt{\frac{e'}{e}} = 33,4 \cdot \frac{0,5}{0,535} \cdot \sqrt{\frac{0,5}{0,535}} = 30,2 \text{ PS}.$$

Für die gewünschte Leistung wäre daher das Laufrad auf $D'' = \sqrt{\dfrac{Q''}{Q_I{}^1 \cdot \sqrt{H}}}$

$= \sqrt{\dfrac{0,5}{\dfrac{Q}{D^2 \cdot \sqrt{H}} \cdot \sqrt{H}}} \cong 0,53$ m und $b = \dfrac{0,055}{0,300} \cdot 0,53 = 0,097$ m bei

$n'' = n \cdot \dfrac{D}{\sqrt{H}} \cdot \dfrac{\sqrt{H}}{D''} = 555 \cdot \dfrac{0,52}{0,53} = 545$ zu erhöhen, wobei der neue Wirkungsgrad $e'' = 0,536$ und die neue Leistung $N_i'' = 31,2$ PS werden.

Weiter muß $D_m \cdot \pi \cdot b = F$ mit $c_{m_1} = 0,56 \cdot 7 = 3,92$ m/sek multipliziert der sekundlichen Fördermenge $Q = 0,5$ m³/sek gleich sein. Deshalb wird

$$b = \frac{Q}{D_m \cdot \pi \cdot c_{m_1}} = \frac{0,5}{0,305 \pi \cdot 3,92} \cong 0,135 \text{ m},$$

womit $D_a = D = D_m + b = 0,305 + 0,135 = 0,44$ m und $D_i = D_m - b = 0,305 - 0,135 = 0,17$ m sich ergibt. Ob bei dem hierdurch bedingten neuen Verhältnis von $\dfrac{b}{D} = \dfrac{0,135}{0,44} = 0,307$ der Wirkungsgrad $e = 0,55$ für $D = 0,3$ m, sowie das Diagramm Fig. 53 noch zutrifft wie bei dem Versuchslaufrad, wo $\dfrac{b}{D} = \dfrac{0,055}{0,3} = 0,1835$ war, bleibt dahingestellt. Solange $\dfrac{b}{D}$ sich nur in geringen Grenzen ändert, etwa zwischen $0,12$ und $0,25$, darf wohl angenommen werden, daß sich das neue Rad fast genau so verhält wie das Versuchslaufrad, wenn auch die auf S. 7 erwähnten Winkelunterschiede etwas größer ausfallen. Wird dagegen $\dfrac{b}{D}$ größer als $0,25$ bzw. kleiner wie $0,12$, so wäre zweckmäßig, erst durch neue Versuche das Verhalten dieser Laufräder festzustellen, die dann wieder weitere Serienräder liefern könnten. Jedenfalls aber wird die Berechnung der Schraubenpumpen auf Grund der durch die Versuche gewonnenen Diagramme sehr einfach.

G. Verhalten der Pumpe im Betrieb bei Drosselung und Mehrförderung.

Um sich ein Urteil über die Schraubenpumpe während des Betriebes bilden zu können, wo nicht immer die gleiche Fördermenge auf dieselbe Förderhöhe geliefert werden muß, sind in den Fig. 24, 27, 32, 34 und 46 verschiedene Q-H-Kurven dargestellt, die den Zusammenhang zwischen der sekundlich geförderten Wassermenge Q und dem dazugehörigen H bei gleichbleibenden minutlichen Drehzahlen n zeigen. Wenn auch, wie schon an anderem Orte erwähnt, unsere Versuche noch einer Erweiterung bedürfen, so daß die in den Q-H-Kurven auftretenden Wirkungsgradkurven bis über ihr Maximum hinaus fortgesetzt werden können, so kann man sich trotzdem aus den bisherigen Untersuchungen ein ungefähres Bild über unsere Pumpe im Betrieb machen. Der Charakter der einzelnen Kurven ist bei den eben genannten Figuren derselbe, und man kann in erster Annäherung sagen, daß bei Drosselung die Förderhöhe linear mit der Abnahme der Fördermenge zunimmt, was besonders deutlich in Fig. 46 zu erkennen ist. Die Wirkungsgrade dagegen streben einem Maximum zu, das aber mit den Abmessungen unserer Versuchsanordnung nicht erreicht werden konnte. Immerhin läßt sich für den untersuchten Betriebsbereich feststellen, daß bei gleicher Umdrehungszahl des Pumpenlaufrades der Wirkungsgrad bei Drosselung auf 80% einer beliebig angenommenen Fördermenge im Mittel um 5% abnimmt, während eine Mehrförderung von 20% derselben den Nutzeffekt um etwa 5% erhöht. Wie dieser Zusammenhang sich gestaltet, wenn das Maximum des Güterverhältnisses bei den Q-H-Kurven ermittelt werden kann, für welches die Pumpe als im normalen Betrieb befindlich anzusprechen wäre, läßt sich hier noch nicht angeben. Es liegt aber die Vermutung nahe, daß dann sowohl bei Drosselung als auch bei Mehrförderung innerhalb der gleichen Grenzen der Wirkungsgrad in geringerem Maße wie oben abnehmen wird. Sollte dabei die Förderhöhe die gleiche bleiben, die ja entsprechend unsern Q-H-Kurven bei 20% Drosselung bzw. Mehrförderung ungefähr um 12% zu- bzw. abnehmen müßte, so wäre dies nur dann möglich, wenn der Antriebsmotor mit veränderlicher Tourenzahl laufen könnte. Dies läßt sich aber bei einem Elektromotor durch einen Nebenschlußregulierwiderstand leicht erreichen, wobei auch noch der Vorteil erzielt würde, daß der Wirkungsgrad der Pumpe geringeren Schwankungen unterworfen wäre, als bei gleichbleibender Umdrehungszahl des Laufrades. So folgt z. B. aus der nach Fig. 33 entwickelten Fig. 57, daß bei $n = 800$ und Änderung der Fördermenge durch Drosselung von 0,058 m³/sek auf 0,12 m³/sek die Förderhöhe schwanken müßte zwischen 2,4 m und 1,75 m, während der Wirkungsgrad zunimmt von 25,5% bis 44%. Wäre aber die Erhaltung einer konstanten Förderhöhe $H = 2$ m bei der gleichen Veränderlichkeit der Wasserlieferung verlangt, so könnte dies nach obiger Abbildung durch Drosselung und Vergrößerung der minutlichen Drehzahl von $n = 750$ bis $n = 850$ erreicht werden, wobei sich e zwischen 27% und 42,5% halten würde, also in engeren Grenzen wie bei $n = 800 = $ konst.

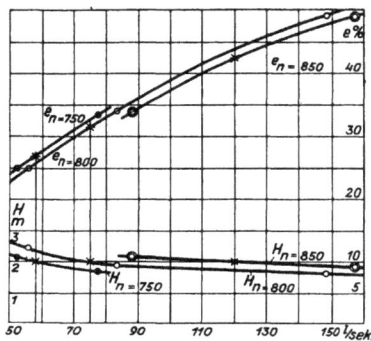

Fig. 57. Zusammenhang zwischen Wirkungsgrad und Fördermenge ($n = $ konst. $= 800$ normaler Betrieb) bei Änderung von n um 50 Umdrehungen.

H. Zusammenfassung.

Wenn auch die vorliegende Arbeit infolge Kriegsausbruchs die Untersuchung der Schraubenpumpen nicht erschöpfend behandelt und an manchen Stellen noch der Ergänzung und Erweiterung bedarf, so ist doch wenigstens einwandfrei festgestellt worden, daß diese Pumpengattung sich genau so verhält wie Zentrifugalpumpen, und daß auf sie die Hauptgleichung der Turbinentheorie ebenfalls angewendet werden kann. Bei allen Versuchen, sei es nun mit oder ohne Zuschärfung der Leit- und Laufradschaufeln, hat sich gezeigt, daß die durch das Laufrad geförderte Wassermenge Q proportional seiner minutlichen Drehzahl n ist. $Q = k \cdot n$. Ferner ergab sich der Zusammenhang zwischen der Förderhöhe H, die bei unserer Versuchsanordnung durch Reibung und Wirbelbildung aufgezehrt wurde, und der Tourenzahl n zu $H = k_1 \cdot n^2$. Daraus folgt $\frac{Q^2}{H} = \frac{k^2 \cdot n^2}{k_1 \cdot n^2}$ und $Q^2 = k_2 \cdot H$ oder $Q = k_3 \cdot \sqrt{H}$, und da die Fördermenge eine lineare Funktion von n ist, wird auch n proportional der Wurzel aus der Förderhöhe. Die Leistung N der Pumpe, die sich aus $\frac{Q \cdot \gamma \cdot H}{75}$ berechnet, wird somit gleich $k_4 \cdot H \cdot \sqrt{H}$ bzw. $k_5 \cdot n^3$, welche Beziehung uns ebenso wie die gerade abgeleitete zwischen Q, n und H von den Francisturbinen und Zentrifugalpumpen her hinreichend bekannt ist.

Der beste Wirkungsgrad der untersuchten Schraubenpumpe ergab sich zu 0,57 bei Anwendung eines Saugleitrades mit ungefähr senkrecht zur Umfangsrichtung

stehenden, zugeschärften, ebenen Schaufelblechen und einer Neigung der Laufradschaufeln zur Richtung der Umfangsgeschwindigkeit von $\beta_2 = 30^0$, nachdem die Versuche ohne Leiträder den günstigsten Schaufelwinkel zwischen $\beta_2 = 25^0$ und 30^0 ergeben hatten. Allerdings ist der Gewinn an Nutzeffekt gegenüber dem ohne Saugleitrad so gering (ungefähr 3%), daß es dahingestellt bleibt, ob sich der Einbau eines solchen überhaupt lohnt. Was den Einfluß eines Druckleitrades auf die Wirtschaftlichkeit der Pumpe angeht, so muß derselbe durch weitere Versuche erst noch einwandfrei bestimmt werden, da die bisherigen nur den bei den Untersuchungen mit Saugleitrad allein gewonnenen günstigsten Schaufelwinkel $\alpha_0 = \alpha_3 = 90^0$ berücksichtigten, während aus den Diagrammen Fig. 51 bis 56 $\alpha_2 = \alpha_3 = $ rd. 45^0 folgt. Bei der Feststellung des den besten Wirkungsgrad liefernden Schaufelwinkels β_2 zeigte sich, daß bei der Vergrößerung des β_2 von 10^0 bis 50^0 stets nahezu die gleiche Wassermenge auf dieselbe Förderhöhe gebracht wurde, während der Nutzeffekt bis 25^0 bzw. 30^0 zunahm, um dann wieder kleiner zu werden. Die minutliche Drehzahl dagegen verringerte sich dabei stetig bis zu ihrem Minimum ungefähr bei $\beta_2 = 30^0$ und nahm von da an wieder zu[1]). Daraus folgt, daß bei vorgeschriebener Förderhöhe der Schaufelwinkel β_2 nur einen Einfluß auf den Wirkungsgrad der Pumpe und ihre minutliche Drehzahl hat, die Fördermenge dagegen nicht ändert. Man wird deshalb für jedes neu zu berechnende Laufrad den Winkel β_2 wählen, den der absolut günstigste Wirkungsgrad ergab. Dieser trat bei $\beta_2 = 25^0$ und sechs zugeschärften ebenen Laufradschaufeln auf ($e = 0,55$), wenn von dem geringen, vielleicht durch die Meßgenauigkeit bedingten Mehrbetrag von 3% abgesehen werden soll, der durch die Einführung eines Saugleitrades erzielt wurde. Zeichnet man für die mit diesem Schaufelwinkel ermittelten Versuchswerte, die den besten Wirkungsgrad lieferten, das Pumpendiagramm nach der Hauptgleichung auf, so lassen sich mit ihm die Laufraddimensionen für jede beliebige Förderhöhe und Fördermenge unter Einhaltung des Verhältnisses $\frac{b}{D} = 0,1835$ und $\frac{1}{D} = 0,25$ von Schaufelbreite bzw. -Länge zu Laufraddurchmesser bestimmen[2]). Erst wenn bei vorgeschriebener Drehzahl das Verhältnis $\frac{b}{D}$ die auf S. 28 als noch zulässig angenommenen Grenzen überschreitet, die allerdings erst einer experimentellen Prüfung zu unterziehen wären, müßte wohl eine Änderung des Diagrammes vorgenommen werden. Dadurch würden sich aber voraussichtlich ganz andere Resultate ergeben wie bisher, die erst nach entsprechenden praktischen Untersuchungen als Grundlagen für Neuberechnungen Verwendung finden könnten. Auf diese Weise gelangt man auch bei den Schraubenpumpen zum Bau von Serienrädern, von denen mindestens je eines auf dem Prüfstand seine Brauchbarkeit für die Praxis nachweisen sollte, wenn Mißerfolge vermieden werden wollen. Auf dem eben angedeuteten Weg darf wohl behauptet werden, hat der Wasserturbinenbau seine hohe Entwicklungsstufe erreicht. Möge die vorliegende Arbeit dazu beitragen, auch der Schraubenpumpe zu entsprechenden Erfolgen zu verhelfen.

---

[1]) Vgl. Fig. 22 und 36.
[2]) Solange die minutliche Umdrehungszahl der Laufradwelle keinen bestimmten Wert erreichen muß, lassen sich aus der Einheitswassermenge $Q'_I = \frac{Q}{D^2 \cdot \sqrt{H}} = 1,17$ m³/sek und der Einheitsdrehzahl $n'_I = \frac{n \cdot D}{\sqrt{H}} = 1,88$, sowie den oben angegebenen Verhältniszahlen $\frac{b}{D}$ und $\frac{1}{D}$ des Versuchsrades die Laufraddimensionen und Drehzahlen für jede Förderhöhe und Fördermenge nach S. 27 leicht berechnen.

www.ingramcontent.com/pod-product-compliance
Lightning Source LLC
Chambersburg PA
CBHW062016210326

41458CB00075B/6105